Sibdas Baskey
Suresh Kr. Mahato

Monografia sobre Piper longum

Sibdas Baskey
Suresh Kr. Mahato

Monografia sobre Piper longum

ScienciaScripts

Cover image: www.ingimage.com

This book is a translation from the original published under ISBN 978-3-659-89171-7.

Publisher:
Sciencia Scripts
is a trademark of
Dodo Books Indian Ocean Ltd. and OmniScriptum S.R.L publishing group

120 High Road, East Finchley, London, N2 9ED, United Kingdom
Str. Armeneasca 28/1, office 1, Chisinau MD-2012, Republic of Moldova, Europe
Managing Directors: Ieva Konstantinova, Victoria Ursu
info@omniscriptum.com

Printed at: see last page
ISBN: 978-620-8-62797-3

MONOGRAFIA DE PIMENTA LONGA

MONOGRAFIA DE PIMENTA LONGA 1

1.Introdução 2

2.Contexto 2

3.Cenário nacional 2

4. botânica 2

5.Habitat 8

6. cultivo da pimenta longa 8

7. composições químicas das plantas 13

8. revisão histórica (Ayurveda) do pippali 16

9. utilizações ayurvédicas 23

10. usos medicinais 25

11. actividades farmacológicas 26

12. melhoradores de biodisponibilidade 31

13.Referências 37

1. Introdução

A pimenta longa é uma planta trepadeira florida da família Piperaceae, cultivada pelo seu fruto, que é normalmente seco e utilizado como especiaria e tempero. Os frutos são utilizados como especiaria e também em pickles, pois têm um sabor picante e provocam salivação e dormência na boca (Neelam & Krishnaswamy, 2001). É descrito nos sistemas de medicina ayurvédica e unani como um medicamento valioso utilizado para o tratamento de vários tipos de doenças (Viswanathan, 1995; Sivarajan e Balachandran, 1994). Os frutos da planta são também um medicamento muito conhecido para doenças do trato respiratório, nomeadamente tosse, bronquite, asma, etc.; como contra-irritante, analgésico quando aplicado localmente para dores musculares e inflamação e tónico geral. Devido à procura crescente a nível nacional e mundial, esta espécie vegetal foi incluída na lista de prioridades do Conselho Nacional das Plantas Medicinais da Índia.

2. Antecedentes

A primeira referência a esta planta vem dos antigos manuais indianos de Ayurveda, onde as suas utilizações medicinais e dietéticas são descritas em pormenor. Chegou à Grécia no século VI ou V a.C., embora Hipócrates a tenha descrito como um medicamento e não como uma especiaria. Entre os gregos e os romanos e antes da redescoberta europeia dos continentes americanos, a pimenta longa era uma especiaria importante e bem conhecida. Atualmente, a pimenta longa é um ingrediente muito raro nas cozinhas europeias, mas pode ainda ser encontrada nas misturas de especiarias e nos pickles de vegetais da Índia, do Nepal, do Norte de África, da Indonésia e da Malásia.

3. Cenário nacional

É cultivada num total de 1500 ha de Maharashtra, Andhra Pradesh, Kerala, Tamil Nadu, Assam e Bengala Ocidental durante 2004-05 (Anon, 2007). Só Maharashtra e Andhra Pradesh forneceram cerca de 200 toneladas de pimenta longa às indústrias farmacêuticas indianas em 1999 (Anon, 2002). A quantidade necessária de Pippali e Pippalmool era de 1,25 toneladas/ano e 0,85 toneladas/ano, respetivamente, mas a oferta destes materiais foi escassa durante cerca de 5 anos (Anon, 2000).

4. Botânica

4.1 Taxonomia

A pimenta longa pertence ao Reino: Plantae; Divisão: Spermatophyta; Subdivisão: Maganoliophytina; Classe: Maganoliatae e Ordem: Piperales; Família: Piperaceae (Kirtikar e Basu, 1980) e ao género Piper e os seus nomes botânicos são *Piper longum* Linn.; *Piper sartnentosum* Wall.; *Piper latifoliuna* Hunter; *Chavica roxburghii* Miq. e *C'havica sarrnetlfosa* Miq. e as espécies são 1400.

É também conhecida por outros nomes numerosos como Pipli, Pipar, Pipal, Piplamul em hindi; Pippali, Magadhi, Kana, Chanchala, Chapala, Ushana, Saundi em sânscrito;

Pippali em assamês; Pipul, Piplamor em bengali; Lindipipal, Pipali em gujarati; Baihehi, Krykola, Mogodha, Pippoli, Pipali, Pippali em oriya; Magh, Magh Pipali em punjabi, Filfil Daraz, Pippa em urdu; Tippali em Sindhi; Filfilidray, Pipal, Filfil-i-daras em Parsi; Ralli em Santhal; Tippili e Wagapul em Sinhala; Thippli, Arisi, Argadi, Atti, Pippili, Tippil em Tamil; Hippali, Thippali ball em Kannada; Tippali, Pippali em Malayalam; Pipallu, Pippali em Telegu; Pimpli, Lendi Pimpali em Marathi (Sumy *et al.,* 2000); Indian long pepper, jaborandi pepper, long pepper em inglês; Dar Fulful; Dra-filfil em árabe; Bi bo, Bi ba gen em chinês; Langwerpige peper em neerlandês; Poivre long em francês; Bengalischer Pfeffer, Jaborandi-Pfeffer, Langer Pfeffer em alemão; Bengali bors em húngaro; Pepe lungo em italiano; Gaj Pipla, Sano Pipla em nepalês; Pimenta-longa em português; Langpeppar em sueco; Dar biberi em turco (Anon, 2010) e Dipli, Prik-hang, Sa-kan em tailandês (Chaveerach *et al.,* 2006); Poiver long em francês; Longer fetter em alemão; Pipolongo em italiano.

São conhecidos vários tipos de pimenta longa, reconhecíveis pela sua forma caraterística e pelo tamanho dos seus bagos. *A Piper longum*, a atual pimenta longa da Índia, tem bagas com 1-3 cm de comprimento e 4-6 mm de diâmetro. *A Piper retrofructum* e *a Piper omcinurum* produzem bagos muito robustos, com 2,5-4,0 cm de comprimento e 4-8 mm de diâmetro, com superfícies relativamente lisas. Estas espécies são geralmente cultivadas na Malásia e conhecidas no comércio como pimenta longa javanesa, e os preços são relativamente mais baixos do que os *da Piper longum*. Nos países ocidentais, está disponível sobretudo a última. A espécie *P. longum* é originária do Sul da Ásia (península de Deccan), enquanto *a P. retrofractum* é originária do Sudeste Asiático e é cultivada sobretudo na Indonésia e na Tailândia. Ambas as espécies não são muitas vezes claramente distinguidas no comércio de especiarias.Na literatura ayurvédica, Rajanighantu menciona quatro tipos de Pippali *viz*, Pippali, Vanapippali, Saimhali e Gajapippali (Sivarajan & Balchandran, 1994). Sharma (1983) equiparou os três primeiros a *P. longum, P. sylvaticum* Roxb. e *P. retrofractum* Vahl, respetivamente. Destes, *P. sylvaticum* é uma espécie dos Himalaias. No entanto, os médicos de Kerala não fazem distinção entre as três e a espécie longum é aceite para todas. O Gajapippali é considerado uma droga diferente, mas a sua identidade é muito controversa. De acordo com alguns, trata-se dos frutos de *P. chaba* Hunter, uma espécie conhecida em cultivo na Índia e na Malásia (Chunekar, 1982). Mas os médicos de Kerala equiparam esta espécie a uma droga diferente, Chavya. No entanto, outros aceitaram os espinhos de *Scindapsis officinalis* Schott de Araceae como Gajapippali (Vaidya, 1936; Chopra *et al.,* 1956; Mooss, 1980). No entanto, um estudo de mercado revelou que um parasita da raiz, *Balanophora fungosa* J. R. & G. Forst. (Balanophoraceae) que se assemelha superficialmente à inflorescência de *Scindapsis officinalis* e o caule picado de *Raphidophora pertusa* Schott (Araceae) são também utilizados como Gajapippali (Sivarajan & Balchandran, 1994).

4.2 Descrição da planta

A planta é uma trepadeira aromática dióica delgada com raízes lenhosas perenes, ou um arbusto rasteiro perene. Os caules são numerosos, com 60-90 cm de comprimento, rasteiros, muito ramificados, robustos, cilíndricos, engrossados acima dos nós. Os ramos são erectos, glabros com nós inchados; as raízes agarram-se aos nós, o que ajuda a fixar-se às árvores hospedeiras. As folhas são simples, alternas, numerosas, com 4-9 cm de comprimento e 3-5 cm de largura. As inferiores são largamente ovadas, cordadas com lóbulos largos e arredondados na base; as superiores são oblongo-ovais, cordadas na base, todas subagudas, inteiras, glabras, finas, bolhosas com venação reticulada, afundadas em cima e elevadas em baixo, verde-escuras e brilhantes em cima, pálidas e baças em baixo. Os pecíolos das folhas inferiores têm um comprimento de 0,1 a 1,2 cm e os das superiores são muito curtos ou inexistentes. As flores são unissexuais, sésseis num eixo de brácteas carnudas suportadas por duas brácteas laterais dispostas em espigas solitárias e pedunculadas. A floração dura quase todo o ano; a inflorescência é em espiga; o fruto é verde-acinzentado ou cinzento-escuro. O fruto do pimento é constituído por muitos frutos minúsculos. As plantas masculinas e femininas são morfologicamente muito semelhantes até à formação das espigas. Os espinhos masculinos são delgados, as brácteas são estreitas; os espinhos femininos têm 1,2 a 2,5 cm de comprimento, as brácteas são circulares, planas e peltadas. Os espinhos masculinos são amarelo-esverdeados, carnudos, cilíndricos, com flores minúsculas; os espinhos femininos são erectos e amarelos. As espigas femininas maduras, conhecidas como pimenta longa, são mais curtas e mais grossas do que as espigas masculinas. Os frutos são ovóides muito pequenos, completamente afundados numa espiga carnuda sólida com 2,5 - 3,7 cm de comprimento, globosos, com odor aromático e sabor picante (Banerjee *et al.,* 1999; Viswanathan, 1995), ovóides-oblongos, erectos e rombos, verde-escuro e brilhantes.

Figura 1: Espiga de pimentos longos

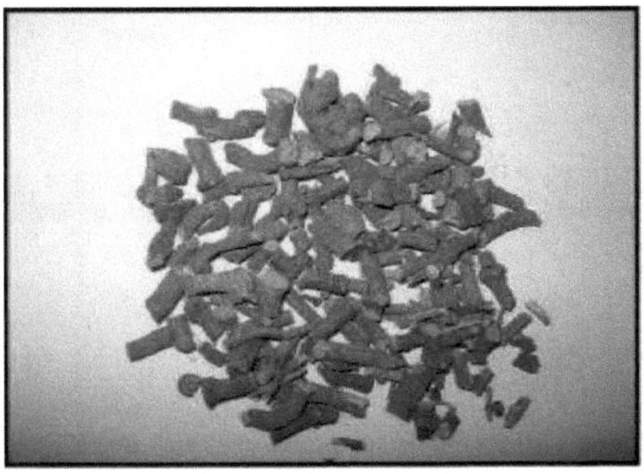

Figura 2: Raiz de pimentos longos

Figura 3: Pó de raiz de pimentos longos

Bisht (1963) tinha descrito a farmacognosia completa da raiz e do caule de *P.longum.* Winton e Wintow (1939) descreveram os caracteres morfológicos e microscópicos das raízes de *P. longum*. Joshi (1944) estudou a estrutura e o desenvolvimento do óvulo e do saco embrionário de *P. longum.* A raiz numa secção transversal mostrou parênquima de paredes espessas, grãos de amido simples ou compostos, células pétreas lignificadas e estriadas, células resinosas no córtex, fibras perivasculares no floema, e tiras radicais de xilema que se encontram no centro. A medula estava ausente. O caule tinha uma cavidade secretora no centro. O córtex apresentava grãos de amido, bem como células resinosas e algumas células pétreas. O floema estava coberto por fibras perivasculares e o xilema estava disposto em grupos em forma de V.

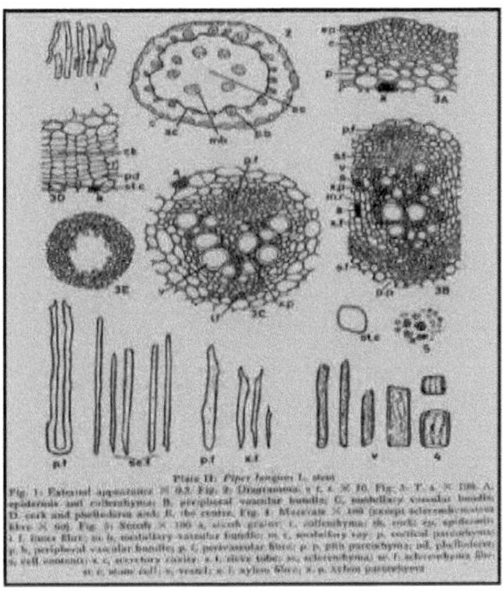

Figura 4: Caule da pimenta longa L

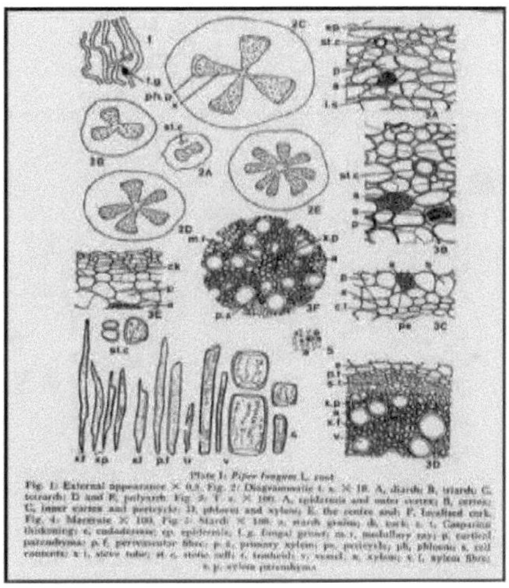

Figura 5: Raiz da pimenta longa L

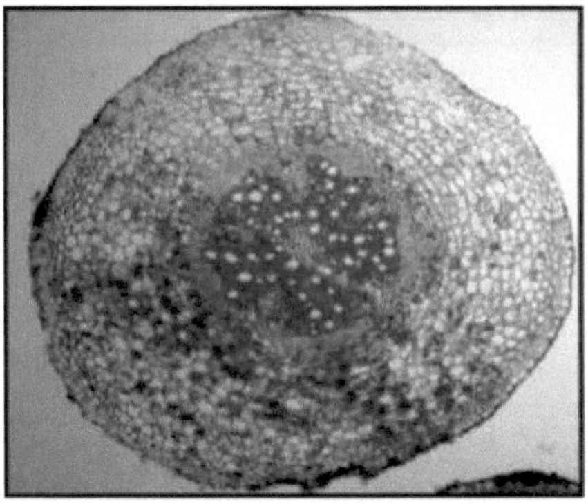

Figura 6: TS da raiz *de P. longum*

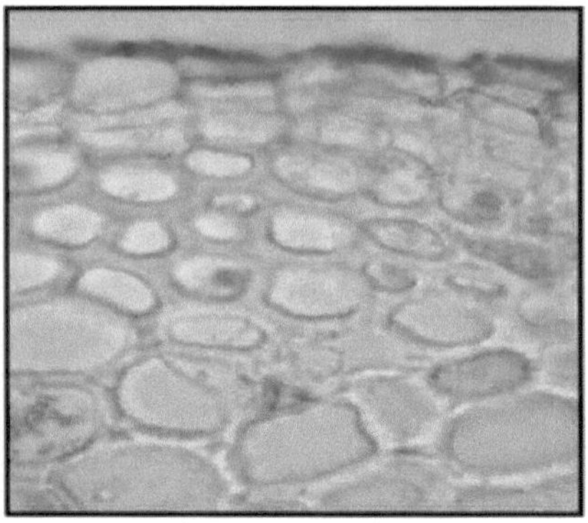

Figura 7: Região cortical

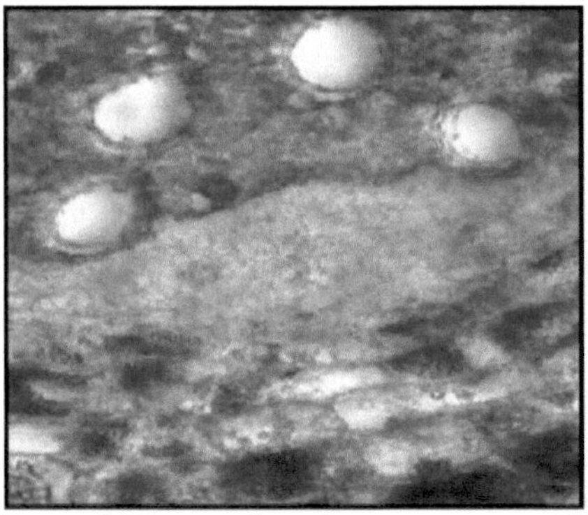

Figura 8 Floema de xylum

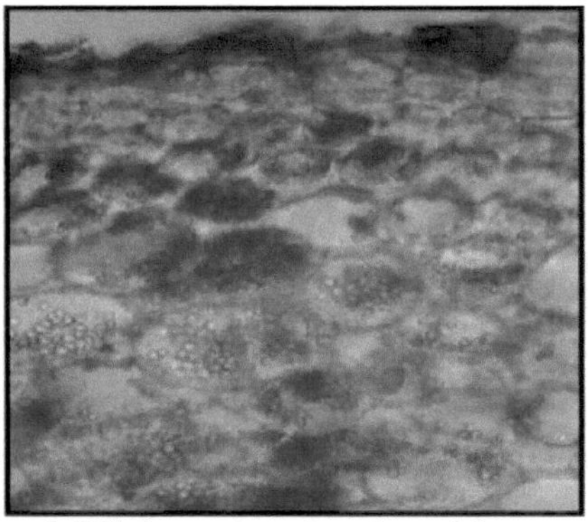

Figura 9 Células com grãos de amido e glóbulos de óleo

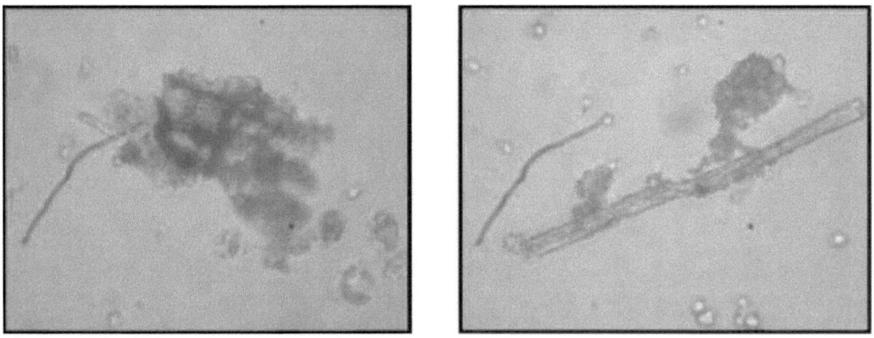

Figura 10: Microscopia em pó da raiz de *P. longum*

Figura 10.1: Cortiça em vista de superfície Figura 10.2: Fibras

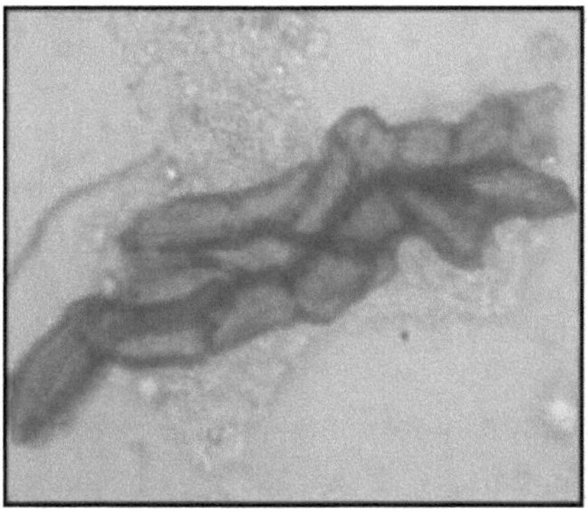

Figura 10.3: Grupo de trecóides

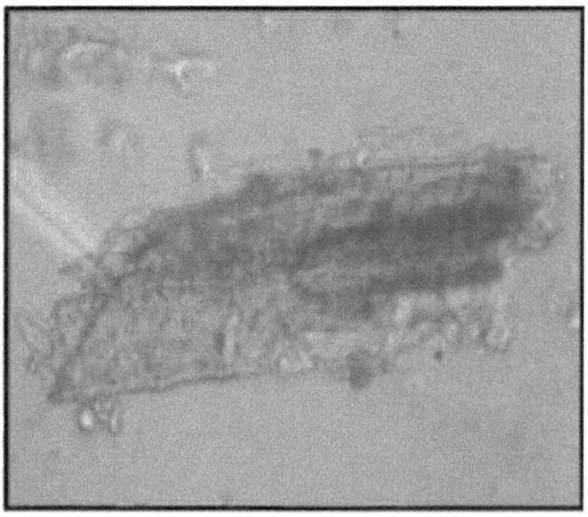

Figura 10.4: Escleróides

Tabela 1: Medidas de elementos lignificados isolados de *Piper longum* Linn. Raiz

Raiz	Comprimento	Largura
Fibras	589.90	20.82
Navios	416.40	48.58

Quadro 2: Medidas micrométricas da raiz de *P. longum*

Sl. Não.	Personagens	Medidas (em micrómetros)
1.	Grãos de amido compostos	0.47 x 0.43
2.	Grãos de amido simples	0.3
3.	Vasos com furos	2.33 x 0.53
4.	Vasos anulares	2 x 0.6
5.	Cristais em forma de bastão	0.1 x 0.6
6.	Cristais prismáticos	0.7 x 0.5
7.	Células de cortiça	0.4 x 0.5

Mehra e Puri (1970) descreveram a espiga de frutificação de *P. longum* como preta, cilíndrica, irregular, com até 2 a 5 cm de comprimento e compacta. Os frutos são de uma só semente com pericarpo de três camadas. Winton e Wintow (1939) descreveram o endocarpo como ondulado no contorno, o que é um carácter distintivo. Dasgupta e Dutta (1980), ao darem pormenores sobre a anatomia dos frutos, descreveram o fruto de *P. longum* como tendo paredes espessas, com conteúdo castanho intenso na camada mais exterior, mesocarpo com células espessadas, endocarpo e revestimento da semente fundidos para formar uma zona profunda com conteúdo hialino nas camadas exteriores e pigmento vermelho alaranjado.

5. Habitat

A origem da planta é considerada o Sul da Ásia e encontra-se tanto em estado selvagem como cultivada, nas zonas mais quentes da Índia, desde o centro até ao nordeste dos Himalaias. A erva também cresce em estado selvagem na Malásia, Singapura, Butão, Myanmar e noutros locais (Kirtikar e Basu, 1933). A nível mundial, a espécie está distribuída na região indo-malásica e no Sri Lanka (Sumy *et al.*, 2000; Sivarajan e Balachandran, 1994).

Ocorre nas zonas mais quentes da Índia, Sri Lanka, Península Malaia, Timor e Ilhas Filipinas. Na Índia, ocorre desde os Himalaias Centrais até Assam, Khasi e as colinas Mikir, as colinas mais baixas de Bengala Ocidental e as florestas sempre verdes dos Ghats Ocidentais de Konkan a Travancore. Também foi registada nas ilhas Car Nicobar e é igualmente cultivada.

6. Cultivo da pimenta longa

O cultivo desta cultura está a expandir-se em vastas áreas, uma vez que proporciona um rendimento considerável aos seus cultivadores e também garante a consistência da qualidade e a produção contínua. A cultura comercial está distribuída em Bengala Ocidental, Assam, Meghalaya, Maharashtra (região de Akola), Orissa, Andhra Pradesh (Vishakhapatanam), Uttar Pradesh, Tamil Nadu (Annamali Hills) e Kerala. No entanto, a Índia importa uma grande quantidade de pimenta longa da Malásia, Indonésia, Singapura e Sri Lanka.

6.1 Clima

É cultivada como cultura de sequeiro em Assam e Meghalaya e como cultura de regadio noutras partes. Requer humidade elevada e irrigação frequente. Tolera temperaturas que variam entre 24-30 ^{0}C. A planta requer um clima quente e húmido e uma altitude entre 100 e 1000 m para o seu cultivo. Pode ser cultivada com sucesso mesmo em áreas que recebem chuvas fortes com elevada humidade relativa. No seu habitat natural, a planta é encontrada a crescer como um arbusto rasteiro. Por isso, é especialmente adequada como cultura rasteira em jardins de cocos e nozes de areca com 20-25 por cento de intensidade de sombra.

6.2 Solo

A pimenta longa pode ser cultivada com sucesso em solos florestais férteis, ricos em matéria orgânica e bem drenados. Os solos lateríticos com elevado teor de matéria orgânica e capacidade de retenção de humidade são igualmente adequados para o cultivo. Também é cultivada em grande escala em solos calcários, como os solos calcários da região de Chirapunji, e em solos férteis e bem drenados de algodão preto. No entanto, os solos leves, porosos e bem drenados, ricos em conteúdo orgânico, são os mais adequados para o seu cultivo.

6.3 Preparação do terreno

A terra deve ser lavrada duas a três vezes, seguida de gradagem e nivelamento, tendo em conta o declive, para facilitar a drenagem do excesso de água. As condições de alagamento afectarão negativamente a sobrevivência da cultura. A área deve ser arada duas a três vezes e nivelada corretamente. Os canteiros elevados de 3 m x 2,5 m são Preparam-se e cavam-se covas a uma distância de 60 cm x 60 cm e aplica-se estrume de vaca seco ou estrume de quintal à razão de 100 g por cova e mistura-se com o solo. Em cada cova são plantadas duas estacas enraizadas ou rebentos com raízes.

6.4 Criação e plantação de viveiros

Propaga-se por rebentos ou estacas enraizadas. As estacas de videira e os rebentos são transplantados logo após o início das chuvas de monção. A melhor altura para criar viveiros é durante os meses de março e abril, para evitar o ataque de cochonilhas nas raízes, devendo-se misturar 10% de DP com a mistura de envasamento. A irrigação normal pode ser efectuada em dias alternados. O excesso de humidade no viveiro pode causar a murcha de Phytophthora. No final de maio, as estacas estarão prontas para serem plantadas.

6.5 Material de plantação

A pimenta longa é propagada vegetativamente por estacas de videira enraizadas. Recomenda-se a recolha de estacas com três nós de qualquer parte do caule para servirem de material de plantação. O enraizamento demora cerca de 15-20 dias após a plantação. As estacas podem ser plantadas diretamente no campo ou após enraizamento induzido no viveiro, antes de serem finalmente transplantadas para o campo.

6.6 Tempo de plantação

A plantação é efectuada no início da monção, no mês de maio-junho, em Bengala Ocidental e em Kerala, mantendo um espaço de 60 cm x 60 cm entre fileiras e entre plantas. A melhor altura para a preparação do viveiro é um mês antes da plantação efectiva. Em Maharashtra, a plantação é efectuada entre o final de fevereiro e meados de março. A plantação é efectuada de forma a que 3-4 nós permaneçam dentro do solo e 1-2 nós acima do solo. Dentro de 15-20 dias após a plantação, começa a germinação. As estacas de madeira dura de *Sesbania grandiflora* ou *Erythrina varigata*, ou ambas, são plantadas perto das estacas germinadas para dar apoio e sombra. A pimenta longa é plantada como uma cultura intercalar em coqueiros, arecanuts e outras culturas de plantação.

6.7 Variedades

Em diferentes regiões agro-climáticas do país, existem várias raças geográficas. As raças encontradas em Assam são designadas por Asli (verdadeira) e Suvali (fêmea em assamês). Outras raças, como a Gol thipalli de Bengala Ocidental e a Pipal Nonsori de Maharashtrathat, são utilizadas pelos agricultores. Viswam - uma seleção clonal de 'Cheemathippalli' é a única variedade melhorada libertada, desenvolvida pela

Universidade de Agricultura de Kerala para cultivo como uma planta que produz espigas de tipo feminino, possuindo o maior peso de espiga e rendimento total. A variedade dá rendimento económico durante cerca de 240-270 dias por ano. Os frutos contêm cerca de 20 % de matéria seca e 2,83 % de alcalóides.

6.8 Adubação e irrigação

A cultura necessita de adubação pesada e, em solos com baixa fertilidade, o crescimento da planta é muito fraco. São necessárias 20 toneladas de FYM ou qualquer outro adubo orgânico para um crescimento e rendimento óptimos. O estrume deve ser aplicado antes do início da monção. Uma vez que a cultura dará um rendimento económico durante 3 anos, a adubação tem de ser feita todos os anos. Fertilizante 50 kg de N em 2 doses divididas, uma parte de azoto, 20 kg de P2O2 e 70 kg de K2O por hectare aplicados durante a transplantação. Uma vez que a cultura dará um rendimento económico durante 3 anos, a adubação tem de ser feita todos os anos. No ano seguinte, a aplicação de adubos e fertilizantes é feita espalhando-os em canteiros e cobrindo-os com terra.

A irrigação é necessária uma vez por semana como cultura intercalar e, se a cultura principal for irrigada, não é necessária irrigação adicional para a pimenta longa. Quando a cultura não é regada, é necessário aplicar uma cobertura morta com folhas secas ou palha durante os meses de verão. Se a cultura for regada durante o verão, continua a produzir espigas e a produção fora de época estará disponível. O sistema de irrigação por aspersão é mais eficaz.

6.9 Operações interculturais

Geralmente, duas a três mondas são suficientes. Quando a cultura cresce e cobre o campo, não há problemas sérios com a monda. A monda e a escavação são feitas uma vez durante a monção do sudoeste e outra vez durante a monção do nordeste, para conservar a humidade do solo e evitar o crescimento de ervas daninhas e o escoamento superficial. Além disso, são efectuados contornos e terraços para evitar a erosão do solo em zonas montanhosas. Após a aplicação de FYM nos canteiros, a ligação à terra é efectuada a partir dos canais. Durante o verão, para evitar a diminuição ou perda de humidade da superfície do solo, os canteiros podem ser cobertos com folhas secas ou palha.

6.10 Proteção das plantas

As cochonilhas infestam as raízes e sugam a sua seiva, provocando um crescimento atrofiado. A gravidade é maior no verão. A aplicação de 0,25 por cento de extrato de semente de neem ou qualquer outro inseticida à base de neem como pulverização é eficaz para controlar as cochonilhas (*Helopeltis theivora*) que danificam a folhagem tenra e os espinhos. Para controlar as cochonilhas, pode aplicar-se às culturas um inseticida sistémico como Roger @ 0,2%.

A murchidão e o pollu são as duas doenças mais importantes da pimenta longa. A murchidão caracteriza-se pela morte e deterioração das raízes, pelo amarelecimento e queda das folhas e pela secagem final da planta. A pollu não só provoca o oco dos frutos como também leva à sua destruição total. A pulverização da calda bordalesa (0,1%) no mês de maio e 2-3 vezes na estação das chuvas revelou-se eficaz na redução da extensão dos danos.

A podridão da folha e do caule (Phytophthora) e a antracnose são doenças importantes da pimenta longa. A pulverização de 0,5 por cento de calda bordalesa com um intervalo de 15 dias e o encharcamento do solo com 1,0 por cento de calda bordalesa com um intervalo mensal reduzem eficazmente as perdas causadas por estas doenças.

Uma doença semelhante a um vírus, com amarelecimento e enrugamento das folhas, produz espigas de tamanho reduzido e de qualidade inferior. As plantas afectadas devem ser arrancadas e destruídas.

6.11 Colheita e rendimento

A primeira colheita das videiras é possível após 6 meses de plantação. As espigas estão prontas para a colheita 2 meses após a sua formação nas plantas. As espigas são colhidas quando estão verde-escuras e mais picantes. Se a colheita for retardada, a sua maturidade e pungência perdem-se em grande medida. As plantas sem espigas são colhidas para as raízes e o caule após 18 meses, uma vez que estas plantas produzem cerca de 500 kg de raízes por hectare. O rendimento de frutos no primeiro ano é de cerca de 100-150 kg/ha e atinge cerca de 750-1000 kg/ha no terceiro ano. Depois disso, diminui e torna-se gradualmente não económico. **6.12 Operação pós-colheita**

Para além dos frutos, as raízes e as porções mais grossas do caule basal, conhecidas como *Pippalimool*, também são recolhidas antes de a cultura ser abandonada. Estas são cortadas em pequenos pedaços de 3,0-5,0 cm de comprimento e secas. Em média, obtêm-se cerca de 500 kg de raízes por hectare. As espigas colhidas são secas ao sol durante 4-5 dias até ficarem perfeitamente secas. O rácio verde/seco é de cerca de 10:1,5. As espigas secas são então armazenadas em recipientes à prova de humidade. O pippali devidamente amadurecido é considerado o melhor no comércio. Os frutos secos são armazenados em recipientes à prova de humidade. O produto não deve ser armazenado durante mais de um ano.

6.13 Classificação

As partes secas mais grossas do caule e das raízes são designadas *por piplamool.* Existem dois tipos de piplamool: o tipo I, com raízes mais grossas e caule subterrâneo, tem um preço mais elevado do que o tipo II, que consiste em raízes, caule ou fragmentos.

6.14 Economia da produção

Quadro 3: Entradas

SI	Materiais	Por hectare	Por hectare
1	N.º de estacas enraizadas	10,890	27,660
2	Estrume de quintal (toneladas)	8	20
3	Fertilizantes (Kg) N P2O5 K2O	 20 8 28	 50 20 70
A maior parte das vezes é cultivada como cultura secundária com fertilidade residual. As necessidades de fertilizantes desta cultura ainda não foram determinadas.			

Quadro 4: Economia do ciclo de três anos (Rs)

Rubricas de despesas	1.º ano	2º ano	3º ano	Total
Preparação do terreno	4500	-	-	3750
Custo das plantas enraizadas (50 000 n.ºs)	15000	-	-	15000
Custo da plantação	4500	-	-	4500
Custo dos adubos e fertilizantes	8500	7500	7500	23,500
Monda, cobertura vegetal	2500	2500	2500	7500
Proteção das plantas	500	500	500	1500
Irrigação	1500	1500	1500	4500
Colheita	3750	4750	5750	14250
	40,750	16,750	17,750	75,250

Quadro 5: Rendimento /ha (Rs)

Regresso	1.º ano	2º ano	3º ano	Total
Rendimento de frutos secos (kg)	600	800	700	2100 kg
Rendimento de raízes secas (kg)	-		500	500 kg
De frutos secos - @ Rs. 7500/q	45000	60000	52500	1,57,500
4 q raízes secas @ 15000/q	-		60000	60,000
Total	45,000	60,000	1,12,500	2,17,500
Rendimento líquido	4250	43,250	94,750	1,42,250

Nota: O mercado dos medicamentos é volátil e, por conseguinte, está sujeito a flutuações.

O custo aproximado do cultivo é de cerca de Rs.62.500/- por hectare e pode ser obtido um rendimento líquido de Rs. 1.00.000 a 1.50.000 por ha/ano.

7. Composições químicas das plantas

A pimenta longa tem uma composição semelhante à da pimenta preta, mas é menos dispendiosa e é utilizada como adulterante da pimenta preta moída. No entanto, pode ser detectada pelo aumento das cinzas solúveis em ácido e pelo exame microscópico dos grânulos de amido, uma vez que os grânulos de amido da *Piper longum* são maiores do que os da pimenta e têm uma forma angular caraterística. A destilação por arrastamento com vapor produz 0,7 -1,5% de óleo verde-claro, viscoso, com um odor picante semelhante ao da pimenta e do gengibre. Tem as caraterísticas *viz*, D_{20} (0,8484), N_{20} (1,4769), $[\alpha]_D$ (40,1), m.p. (-6^{0}C), índice de acidez (7,2), índice de saponificação (8,9) e índice de saponificação após acetilação (12,8). A composição aproximada do pimento é a seguinte: humidade (9,5%), proteína (12,2%), amido (39,5%), fibra (5,8%), cinzas totais (5,9%), ácido insolúvel (4,2%), óleo volátil (1,5%), óleo fixo (6,6%) e piperina (4,5%), quando todos os valores, exceto a humidade, são medidos em base seca.

Os constituintes activos são os alcalóides que apresentam uma pungência caraterística e uma salivação e dormência pronunciadas. A pungência dos frutos deve-se principalmente ao alcaloide piperidina piperina. O teor mais elevado de piperina foi encontrado na parte subterrânea do caule e das raízes, mas o teor de piperina dos frutos aumenta com a maturidade, de 14 - 16 dias (0,53%) para 40-45 dias (0,9%).

A piperina é um alcaloide responsável pela pungência da pimenta longa, juntamente com a chavicina (um isómero da piperina). Também tem sido utilizada em algumas formas de medicina tradicional e como inseticida. A piperina forma agulhas monoclínicas, é ligeiramente solúvel em água e mais solúvel em álcool, éter ou clorofórmio: a solução em álcool tem um sabor a pimenta. Só produz sais com ácidos fortes. O cloreto de platina $B_4.H2PtCl6$ forma agulhas vermelho-alaranjadas. ("B" representa uma mole da base alcaloide nesta e nas fórmulas seguintes). O iodo em iodeto de potássio adicionado a uma solução alcoólica da base na presença de um pouco de ácido clorídrico dá um periodídeo caraterístico, $B_2.HI.I_2$, que cristaliza em agulhas azul-aço com p.m. 145°C. Annalen (1850) hidrolisou pela primeira vez a piperina por meio de álcalis numa base e num ácido, que foram mais tarde designados (Babo e Keller, 1857) por piperidina e ácido piperico, respetivamente. O alcaloide foi sintetizado (Thomas, 1949) pela ação do cloreto de piperilo sobre a piperidina.

Os frutos contêm cálcio (1230 mg/100g), fósforo (190 mg/100g) e ferro (62,1 mg/100g), 1% de óleo resinoso volátil, alcalóides piperina (alcaloide ceroso N-isobutyldeca-trans-2-trans-4-dienamida) e piperlonguminina (substância terpenóide). O fruto contém igualmente um grande número de compostos relacionados com alcalóides, como a metil piperina, a pipernonalina, a piperetina, a asarinina, a pelitorina, a piperundecalidina, a piperlongumina, a retrofractamida A, a pergumidina, braquistamida-B, um dímero de desmetoxipiplartina, N-isobutil decadienamida, braquiamida-A, braquistina, pipercida, piperderidina, longamida, dehidropipernonalina piperidina e tetrahidro piperina. Os principais lignanos presentes nos frutos são sesamina, pulviatilol, fargesina (Kirtikar e Basu, 1980), silvatina, diaeuolemina, piplartina, asarinina, fragenina (E) e (Z), pipercida, guineensida, longamida, piplasterol, dihidropiperonalina, piplasterol, triacontano, cefaranona B e aristolactama AII. Os ésteres de frutos são o tridecil-dihidro-p-cumarato, o eicosanil-(E)-p-cumarato e o monoéster de Z-12-octadecenoicglicerol. Os ácidos orgânicos incluem o ácido palmítico e o ácido tetrahidropiperico. Os óleos essenciais do fruto são uma mistura complexa e os três principais componentes (excluindo a piperina volátil) são o cariofileno, o pentadecano (ambos com cerca de 17,8%) e a bisabolina (11%). Outras composições incluem tujona, terpinoleno, zingibereno, p-cimeno, p-metoxiacetofenona, dihidrocarveol e vitaminas A e E (Rastogi e Malhotra, 1993), n-hexadecano (0,7%), n-heptadecano (6.0%), n-octadecano (5,8%), n-eisocano (4,7%), n-heneicosano (2,5%), α-tujeno (1,7%), terpinoleno (1,3%), zingebereno (7,0%) e p-metoxi-acetofenona traço dihidrocarveol (4,3%) e álcool fenetílico (2,1%).

Piperina, piperlongumina ou piplartina (Neelam & Krishnaswamy, 2001), piperolactama A, piperolactama B, cefaradiona A, cefaradiona B, norcepharadiona B, sesamina, 22,23-dihidrostigmasterol, metil-3,4,5 trimetoxi cinamato e piperadiona tetrahidropiperlongumina, trimetoxi cinamoil-piperidina e piperlonguminina foram encontrados na raiz. As principais composições das folhas são hentriacontano, β-sitosterol, hentriacontano-16-ona e triacontanol.

Outros constituintes registados são a piperlonguminina da planta inteira (Kim *et al.*, 2006); pipatalina, pelitorina, sesamina, braquistamida B, guineensina da erva (Tiwari *et al.*, 2006), retrofractamida C, piperroleína B, pipernonalina, desidropipernonalina, (2E,4Z,8E) /N/[9/(3,4/methylenedioxyphenyl)/2,4,8/nonatrienyl]piperidine (Lee *et al.*, 2006), Piperine(Hongetal.,2005),(2E,4E)/N/isobutil/eicosa/2,4/dienamida,(2E,4E,14Z)/N/iso butil/eicos/2,4,14/trienamida,(2E,4E,12Z)/N/isobutil/ocatadeca/2,4,12/trienamida,p elitorina,piperano (Sun *et al,* 2004), Isodihidropiperlonguminina (Sunila e Kuttan, 2004), Piperidina (Yang *et al.*, 2002), Piperlongumina (Chatterjee e Dutta, 1967), Metilpiperato (Lee *et al.*, 2008), Piperoctadecalidina (Park *et al,* 2007), 3',4',5'-trimetoxicinamato (Kumar *et al.*, 2005) do fruto; silvatina, (+)-diaeudesmina e sesamina da semente (Dutt *et al.*, 1975) e Cefaradiona B, cefaradiona A, cefaranona B, aristolactama, Norcepharadiona B, 2-hidroxi-1-metoxi-4H-dibenzo, quinolina-4,5(6H)-diona, 10-amino-4-hidroxi-3-metoxifenantreno-l-ácido carboxílico lactama (piperolactama A), 10-amino-4-hidroxi-2, 3-dimetoxifenantreno-l-ácido carboxílico lactama (piperolactama B) de raiz (Desai *et al.*, 1988).

Os constituintes químicos recentemente identificados são o 1-(3',4'-metilenodioxifenil)-1E- tetradeceno, o 3-(3',4'-metilenodioxofenil)-propenal, o ácido piperóico, o 3',4'-di- hidroxi-biabola-1, 10-dieno, eudesm-4(15)-eno-1beta, 6-alfa-diol, 7-epi-eudesm- 4(15)-eno-1beta, 6beta-diol, guineesina, e 2E,4E-dienamida, (2E, 4E, 8E)-N- isobutilfenicosa-2,4,8-trienamida (Kirtikar e Basu, 1980).

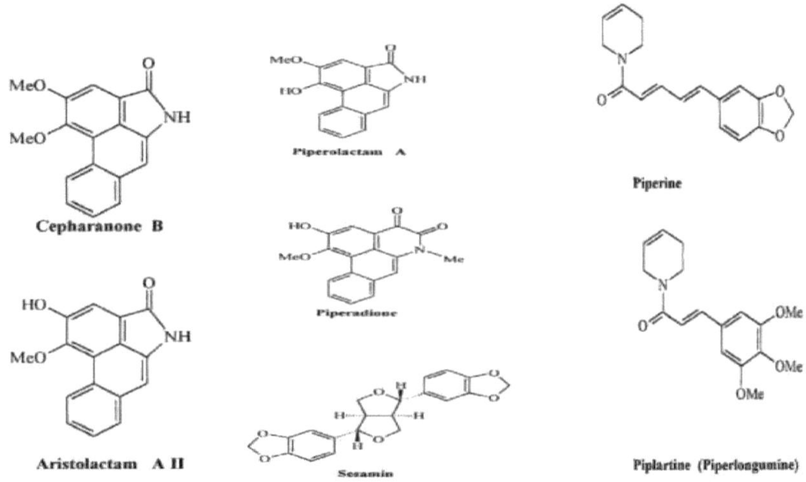

Fig. 12. Constituintes químicos de *P. longum*

8. Revisão histórica (Ayurveda) do pippali

A documentação mais antiga conhecida de tratamentos com plantas na literatura indiana encontra-se nos *Vedas*, a literatura sagrada dos hindus. Cerca de 300 plantas são descritas aqui; "*pippali*", o medicamento utilizado para o estudo, é uma delas. No período védico há uma referência ao facto de,

1. *Pippali* teve origem na época de *Samudra Manthan*.
2. Quando o filho de Vasisthamuni morreu, ele ficou deprimido e desejou ter mais descendência e consumiu a fruta *Pippali*, através da qual teve mais descendência. Assim, o nome *Pippali* foi dado a essa fruta.
3. Foram utilizados vários sinónimos para Pippali, nomeadamente *Atividdhabhaishaja e Kshipta bhaishaja.*

A utilização de Pippali era mais extensa no período Purana em comparação com o período védico. As referências encontradas nos Puranas são as seguintes.

- *Pippali* era uma das plantas, que crescia na floresta, tem um medicamento antitóxico, agrupado sob *Katurasa Varga,* tem a propriedade Sleshmahara, a forma de decocção é boa para os doentes *de Amavata*, relatada como afrodiasica.
- O Agni Purana menciona *o Trikatu* em muitos sítios. Este *Trikatu* inclui pippali como ingrediente, útil para os doentes de *Rajayakshma* e *o Trikatu* era utilizado em *medoroga*, *tarunya pidaka* e *Gulma*.
- A droga *Pippali* é mencionada no *Atharvaveda* no contexto de *rasayana* e *vataroga beshaja*.
- Segundo o Saayana, *kana* é o seu sinónimo e *hasti pippali* é um dos seus tipos e útil no tratamento de *Dhanurvata*, *Akshepaka*. *Samhita kala*: vê-se a informação exaustiva do *pippali* neste período.
- No *Charaka Samhita* Su.4, o índice de frequência do *Pippali* é de 9 vezes, ao lado do *Yastimadhu* (11 vezes). *Acharya Charaka* em *Vimanasthana* elucidou *o karma Yogavahi* de *pippali* devido a esta propriedade especial, é utilizado em várias formulações como medicamento e adjuvante.
- No Su.S.Ch.26, onde são mencionados *os Dravyas* de *Virudha Virya*, *os dravyas* de *Katu Rasa* são descritos como *Avrishya Dravya*, mas *Pippali* e *Sunthi* são exceção a eles.

(Fonte: Shastri, 1968; Raja, 1967; Anon, 1967; Whitney, 2000; Anon, 2001; Anon, 2001a e Anon, 2002a)

Quadro 6: Nome do *samhitha Gana/varga*

Sl não	*Samhita*	*Gana/varga*
1	*Charaka Samhita*	*Shirovirechan, Vamana, Dipaniya, Kanthya, Truptighna, Asthapanopaga, Shirovirechanopag, Hikkanigrahana, Kasahara, Shoolaprashamana*
2	*Sushutra Samhita*	*PippalyadiGana, Trikatu, Urdhwabhagahara, Shirovirechana, Amalakyadi varga*
3	*Astang Sangraha*	*Shirovirechan, Vamana, Dipaniya, Kanthya, Truptighna, Asthapanopaga, Shirovirechanopaga, Hikkanigrahana, Kasahara, Shoolaprashmana, Sheetashamana, Pippalyadi Gana.*
4	*Astang Hridaya*	*Vamanopayogi Dravya, Vatsakadi Gana*

(Fonte: Anon, 2001; Anon, 2001a; Anon, 2002a e Anon, 1998)

Quadro 7: Nome de *Nighantu* e *Varga*

1	*Dhanvatari Nighantu*	*Shatapushpadi varga*
2	*Shodhala Nighantu*	*Shatapushpadi Varga*
3	*Hridaya Dipaka Nighantu*	*Catuspada Varga*
4	*Madanapala Nighantu*	*Shunthyadi Varga*
5	*Raja Nighantu*	*Pippalyadi Varga*
6	*Bhavaprakasha Nighantu*	*Haritakyadi Varga*
7	*Saraswati Nighantu*	*Chandanadi Varga*
8	*Nighantu Adarsha*	*Pippalyadi Varga*
9	*Shaligrama Nighantu*	*Haritakyadi Varga*
10	*Priya Nighantu*	*Pippalyadi Varga*
11	*Guna Ratnamala*	*Haritakyadi Varga*
12	*Yadavji Trikamaji Acharya*	*Pippalyadi Varga*

(Fonte: Ojo, 2004; Narahari, 1998; Sharma & Guru, 1979; Bapalal, 2002 e Shrikrishnadas, 1954)

Quadro 8: propriedades farmacológicas do *ardhra pippali*

	Ardhra Pippali	*CS*	SS	AS	AH	DN	RN	BPN	MPN	KN
RASA	*Madhur a*	+	+	+	+	-	-	+	-	+
GUNA	*Guru*	+	+	-	+	-	-	+	-	+
	Snigdha	+	-	-	+	-	-	+	-	+
VEERY A	*Sheeta*	-	+	-	+	-	-	+	-	+

(Nota: Vários textos ayurvédicos: CS-Caraka Samhita; SS-Susrutha Samhita; AS-Astang Sangraha; AH- Astang Hridaya; DN-Dhanvantari Nigantu; RN- Raja Nigantu; BPN- Bhava Prakasha Nigantu; MPN-Madanapala Nigatu e KN- Kaiyyadeva Nigantu) (Fonte: Anon, 2004; Anon, 2001; Anon, 2001a; Anon, 2002a; Anon, 1998; Ojo, 2004; Narahari, 1998; Sharma & Guru, 1979; Bapalal, 2002 e Shrikrishnadas, 1954)

Quadro 9: Propriedades farmacológicas do *shuska pippali*

	Shuskha Pippali	CS	SS	AS	AH	DN	RN	BPN	PMN	KN
Rasa	*Katu*	+	+	+	-	+	+	+	+	+
	Tikta	-	-	-	-	-	+	-	-	-
Guna	*Snigdha*	-	-	-	-	-	+	+	+	+
	Nati snigdha	+	-	-	-	-	-	-	-	-
	Laghu	-	-	-	-	-	-	-	+	+
Veerya	*Ushna*	-	-	-	-	+	-	-	-	-
	Sheeta	-	-	-	-	+	-	-	-	-
	Anushna	-	-	-	-	-	-	+	-	-
	Nati snigdha	+	-	-	-	-	-	-	-	-
Vipaka	*Madhura*	+	-	+	+	-	-	+	+	+
Doshagnata	*Vata*	-	-	-	-	+	+	+	-	+
	Pitta	-	-	-	-	+	-	-	+	-
	Kapha	+	-	+	+	+	+	+	+	+

Quadro 10: mostra diferentes *rogagnatha* e *karma* mencionados em diferentes textos ayurvédicos

Rogas	**CS**	**SS**	**AS**	**AH**	**DN**	**RN**	**BPN**	**MPN**	**KN**
Agnimandhya	+	-	+	+	-	-	+	-	+
Apasmara	+	-	-	-	-	-	-	-	-
Arshas	+	+	+	+	-	-	+	+	+
Aruchi	+	+	+	+	-	-	-	-	+
Atisara	+	-	+	+	-	-	-	+	-
Chardi	+	-	-	-	-	-	-	-	-
Galaamaya	+	+	+	+	-	-	-	-	-
Granthi	-	+	-	-	-	-	-	-	-
Grahani	+	-	+	+	-	-	-	-	-
Gulma	+	-	+	+	-	-	+	+	+
Hikka	+	+	+	+	-	-	-	-	-
Hrudroga	+	+	+						+
Jwara	+	+	+	+	+	+	+	+	+
Kamala	+	+	+	+	-	-	-	-	-
Kapha vriddhi	+	+	+	+	+	+	+	+	+
Kasa	+	+	+	+	-	+	+	+	+
Krimi	+	+	+	+	-	+	-	-	-
Kshataksheena	+	+	+	+	-	-	-	-	-
Kushta	+	+	+	+	-	+	+	+	-
Pandu	+	+	+	+	-	-	-	-	+
Parshvashoola	+	+	+	+	-	-	-	-	-
Peenasa	+	+	+	+	-	-	-	-	-
Pleeha	+	+	+	+	-	-	+	-	+
Prameha	+	+	+	+	-	-	+	+	+
Rajayakshma	+	+	+	+	-	-	-	-	-
Shopha	+	+	-	-	-	-	-	-	-
Stanya	-	-	-	-	-	-	+	-	-
Shosha	+	+	+	+	-	-	-	-	-
Shirashula	+	+	+	+	-	-	-	-	-
Shwitram	-	-	-	-	+	-	-	-	-
Udara	+	+	+	+	-	-	+	-	+
Udavarta	+	+	+	+	-	-	-	-	-
Vibandha	-	-	+	+	-	-	+	-	-

Vatavyadhi	+	+	+	+	-	+	-	-	-
Visarpa	+	-	+	+	-	-	-	-	-
Vishamajwara	+	+	+	-	-	-	-	-	-
Vatarakta	+	+	-	-	-	-	-	-	-
Yonishula	+	+	-	-	-	-	-	-	-
Yonivyapath	+	-	-	-	-	-	-	-	-
Rasayana	+	+	+	+	+	-	+	+	-
Krimi	+	+	+	+	+	-	+	-	-
Trishna	-	-	-	-	+	-	-	-	-
Rechana	-	-	+	+	-	-	+	-	-
Shwasa	+		+	+	-	+	-	+	+
Raktapitta	-	-	+	+	-	-	-	-	-
Shoola	+	-	+	+	-	-	+	+	-
Medoroga	+	+	+	+	-	-	-	-	-

(Fonte: Anon, 2004; Anon, 2001; Anon, 2001a; Anon, 2002a; Anon, 1998; Ojo, 2004; Narahari, 1998; Sharma & Guru, 1979; Bapalal, 2002 e Shrikrishnadas, 1954)

Quadro 11: que mostra o *ekamoolika prayoga*

Bhesaja swarupa	***Anupana***	***Indicação***	***Referência***
Pippali churna	*Guda*	*Pandu krimi roga ajeerna aruchi*	*B.P.N haritakyadi varga 55-58*
Pippali churna	*Ksheera*	*Pandu*	*Su utt 44/22*
Pippali churna	*Naga kesar, yasti, guda, ghrutha*	*Pandu*	*A Hr. ci 16/38*
Pippali churna	*Guda, ksheera*	*Kasa*	*A Hr. ci 3/166*
Pippali churna	*Madhu*	*Kasa jwara pleeha roga*	*Sh.sam madhyama khanda 6/8*
Pippali churna	*Guda*	*Ajeerna*	*Sh.sam madhyama khanda7/24*

(Fonte: Anon, 2004; Anon, 2001a: Anon, 1998 e Sharangadharacharya, 2006)

Quadro 12: Apresentação dos *yogas* importantes de *Pippali*

Sl n	*Nome do Yoga*	*Indicação*	*Referência*
1	*Amalaka Rasayana*	*Rasayana*	*C.Chi.1.2/7*
2	*Brumhani Gutika*	*Vrishya, Bruhmana*	*C.Chi.2.1/27*
3	*Pippalyadi Ghrita*	*JeernajwaraKshaya, KasaParshwa shoola*	*C.Chi.3/219*
4	*Sitopaladi Choorna*	*Kasa, Shwasa*	*C.Chi.8/103*
5	*Panchakola Ghrita*	*Udara, GulmaArsha*	*C.Chi.13/112*
6	*Phalarishta*	*Gulma, Kasa, Vibandha*	*C.Chi.14/155*
7	*Pippalyadi Yavagu*	*Yoni,shoola,Hrudroga*	*C.Chi.30/54*
8	*Kalyanakara lavana*	*Vataroga, GulmaAjeerna, Kasa*	*S.Chi.4/32*
9	*Tiktaka ghrita*	*Kushta, Vishama jwaraArsha*	*S.Chi.6/12*
10	*Tilwaka ghrita*	*Udara, Gulma, Vidradhi, U nmada*	*S.Chi.14/7*
11	*Mustakadi kavala*	*Shirovirechana*	*S. Ka.17/27*
12	*Gutikanjana*	*Abhishyandha*	*S.Chi.14/14*
13	*Gomootra rasakriya*	*Netra roga*	*S.Ka.17/17*
14	*Ioga Mustadi*	*Amatisara*	*S.Ka.40/49*
15	*Amruta prasha ghrita*	*Trishna*	*A.H.Chi.3/80*
16	*Jeevantyadi choorna*	*Kasa, HikkaJwara*	*A.H.Chi.3/160*
17	*Soorana gutika*	*Arsha*	*A.H.Chi.5/33*
18	*Dhanwantari ghrita*	*Pram eha, Shwasa, Pandu*	*A.H.Chi.8/157*
19	*Dadimadhya ghrita*	*HrudhyaPandu, Gulma*	*A.H.Chi.15/40*
20	*Pippali rasayana*	*Shwasa, kasa*	*A.H.U.39/96*
21	*Chaturbhadrika avaleha*	*Kasa,shwasa*	*B.P.S.1/378*
22	*Jathiphaladi choorna*	*Grahani*	*B.P.S.4/48-51*
23	*Samasharkara choorna*	*Arsha*	*B.P.S.5/63*
24	*Ashtakatvara taila*	*Urusthamba*	*B.P.S.25/36-37*
25	*Abhayadi kwatha*	*Shotha*	*C.D.39/6*
26	*Ksharadi gutika*	*Shotha*	*C.D.39/26-30*
27	*Krishnadya modaka*	*Shleepada*	*C.D.42/23*
28	*Nidigdikadi kwatha*	*Jeerna jwara*	*C.D.1/205*
29	*Chukkam tippalyadi kashaya*	*Phiranga*	*S.Y.Ka.pra./12*
30	*Snuhi Pippali choorna*	*Udara roga*	*S.Y.Chu.pra/58*

31	*Pippalyasava*	*Kshaya,Gulma, Udara*	*S.Y.aa.pra/1*
32	*Pulim kulambu*	*Todos os 8 tipos de Gulma*	*S.Y.Le.pra/13*
33	*Brungalarkadi taila*	*Kasa, Shwasa*	*S. Y. Tai.pra/23*
34	*Pippalyaadi kwatha*	*Udavarta*	*B.R*
35	*Vachaadi kwatha*	*Gulma roga*	*B.R*
36	*Pashaanabedadi kwata*	*Mutrakricchra*	*B.R*
37	*Pippali khanda*	*Amlapitta*	*B.R.53/121-125*
38	*Pippalyadyalouha*	*HikkaSvasa*	*B.R.16/42-43*
39	*Pippalyadi varti*	*Yoniroga*	*B.R.64/180*
40	*Alambooshadi choorna*	*Amavata*	*B.R.29/39-41*
41	*Katutrikadi kwatha*	*Kaphajvara*	*B.R.5/136*
42	*Vidangadi louha*	*Pandu*	*B.R.12/32-33*
43	*Sagudakanabhaya prayoga*	*Arsha*	*B.R.9/24-25*
44	*Bhunimbadi khwata*	*Kaphajwara*	*Sha.M.K.2/18- 19*
45	*Dashamoola khwata*	*Vatashleshma jwara*	*Sha.M.K.2/28- 31*
46	*Renukadi khwata*	*Hikka*	*Sha.M.K.2/82- 83*
47	*Choorna Shrungi*	*KasaJwara, Chardi*	*Sha.M.K.6/43*
48	*Kapittashtaka choorna*	*Grahani*	*Sha.M.K.6/54- 57*
49	*Triphala guggulu*	*Bhagandara, Gulma*	*Sha.M.K.7/82- 83*
51	*Changeri ghruta*	*A tisara, Grahan i*	*Sha.M.K.9/21- 24*

(Fonte: Anon, 2004; Anon, 2001; Anon, 2001a; Anon, 2002a; Anon, 1998; Sharangadharacharya, 2006; Anon, 1983; Sen, 2005; Shastri, 1973 e Mishra, 1990)

9. Utilizações ayurvédicas

A pimenta longa é um dos medicamentos mais utilizados na Ayurveda. Os frutos, raízes e folhas da pimenta são utilizados como medicamento. Pippalimulam são as raízes desta planta (Sivarajan e Balachandran, 1994), que é a fonte aceite dos medicamentos na Ayurveda. De acordo com a Farmacopeia Ayurveda, existem quatro variedades de Tippili: Tippili, Gaja Tippili, Saihali e Wana Tippili.

No sistema ayurvédico nativo, diz-se que o fruto em pó administrado com mel cura a tosse, a asma, a rouquidão, a tosse com soluços e o baço dilatado.

Proporções iguais de pimenta preta, pimenta longa e gengibre, denominadas coletivamente "Trikatktu", uma palavra sânscrita que significa "Três Ácidos", estão documentadas na Matéria Ayurvédica Indiana. Medica como um ingrediente essencial de numerosas receitas e fórmulas utilizadas para uma vasta gama de doenças. Vários estudos demonstraram que o Trikatu, os seus constituintes e a piperina, um dos principais alcalóides da pimenta, possuíam uma atividade de aumento da biodisponibilidade.

Tem a capacidade de aumentar a biodisponibilidade de vários medicamentos como a vasicina, a esparteína, a sulfadiazina e a tetraciclina em animais experimentais. O Trikatu foi descrito como uma decocção importante útil para restaurar o desequilíbrio de Kapha, Veta e Pitta que, de acordo com o conceito ayurvédico, representa os três humores do corpo e cujo desequilíbrio causa todos os tipos de doenças.

O "Shadooshnam", um medicamento ayurvédico que consiste em bagas e raiz de pimenta longa, raízes de pimenta, Plumhago spp., gengibre seco e bagas de pimenta, é utilizado como carminativo, digestor e estimulante do paladar. Alivia os defeitos da audição. Na febre catarral com dificuldade em respirar, um pó feito de partes iguais de Karkatashringi, casca de Myrica sapida e pimenta longa é administrado em doses de um dracma com mel. No reumatismo, batem-se amêndoas torradas com mel; também se dá pó com pimenta preta e sal grosso em doses de meia tola para as cólicas.

O Pipalti arista, composto por pimenta longa, Iodhra, pimenta preta, uvas e Cissampelos pareira, é usado na asma, tosse, anonexia, pilhas, etc. Partes iguais de pimenta preta, pimenta longa, sementes de *Moringa pterygospma* e gengibre, em pó e esfregadas juntamente com o sumo da raiz de *Agati grandjfaora* é usado como rapé em coma e sonolência.

Um pó composto de cinco pungentes, denominado Panch Kola Churna, constituído por pimenta longa, raiz de pimenta longa, gengibre seco, caule da planta da pimenta e chitraka, é um bom aperitivo utilizado no tratamento da dispepsia, tosse, flatulência e baço dilatado.

Pippali rasayana, preparado a partir de *Piper longum* e *Butea monosperma*, é utilizado no tratamento de disenteria crónica e infecções por vermes. Também mostrou resultados positivos quando testada quanto à atividade antigiardial e imunoestimuladora em ratos infectados com trofozoítos *de Giardia lamblia.*

Foi administrada internamente uma preparação ayurvédica composta por gengibre seco, pimenta preta, pimenta longa e raiz de leadwort fermentada em urina de vaca e uma pasta feita de várias ervas medicinais, incluindo *Psoralea corylffolia*: para aplicação externa, apresentou resultados positivos em doentes com vitiligo. A preparação ayurvédica constituída por *Thepesia populnea, Elletaria cardamomum*, *Zingiber officinalis*, *Gycysrhiza glabra*, *Piper longum* e mel, alegadamente útil para a iterícia e as perturbações hepáticas, foi avaliada quanto à sua atividade anti-hepatotóxica em ratos albinos machos.

O Vyoshadi gugglu, constituído por *Zingiber officinalis*, *Piper longum, Piper nigrum, Plumbago indica, Terminalia chebula, Terminalia belerica, Phyllanthus emblica, Embelia ribes* e *Commiphora mukul*, o *Vachadi gana* e o *Vashpa sweda* apresentaram bons resultados em casos de artrite reumatoide com dor, inchaço e incapacidade funcional. Chandrodayawati, um medicamento herbo-minaral comositi que contém *Terminalia chebula, Terminalia belerica, Acorus calamus, Saussurea lappa, Piper longum, Piper nigrum* e knoch ash, revelou-se eficaz no tratamento da opacidade nebular da córnea e do pterigium de origem recente.

10. Utilizações medicinais

Os frutos, bem como as raízes, são atribuídos a numerosos usos medicinais, sendo utilizados para doenças das vias respiratórias, nomeadamente tosse, bronquite, asma, etc, como contra-irritante e analgésico quando aplicado localmente para dores musculares e inflamação; como rapé na insónia e na epilepsia, como tónico geral e hematínico, como colagogo na obstrução do ducto biliar e da vesícula biliar, como emmenagogo e abortivo, e para fins diversos como anti-helmíntico e na disenteria e lepra. As espécies de Piper têm sido utilizadas internamente no tratamento de várias febres, perturbações gástricas e abdominais e dificuldades urinárias.

Nas medicinas tradicionais, os espinhos maduros das plantas femininas, os caules grossos, as raízes e as folhas são amplamente utilizados no tratamento de doenças brônquicas, dispepsia, vermes, amebíase e agente afrodisíaco. O Pippali é uma droga importante capaz de melhorar o intelecto e o poder da memória e também de recuperar a saúde ao dissipar doenças. É declaradamente acre, quente, leve, apetitoso digestivo e tónico.

Cura a tosse, a dispneia, a ascite, a lepra, a diabetes, as hemorróidas, as cólicas, a indigestão, a anemia, a sede e elimina as perturbações do coração e do baço, a febre crónica e a perda de apetite. Reabilita vata e kapha viciados. Os frutos maduros secos e as raízes são as partes oficinais (Viswanathan, 1995). É também utilizada como antídoto para a picada de cobra e de escorpião (Sumy *et al.,* 2000). É carminativa, sedativa, emoliente, demulcente, tónica geral e hemantínica. A pimenta longa causa *pitta* elevado, mas não existe informação disponível sobre a segurança desta erva. No entanto, não é aconselhável tomar P. longum, exceto sob a supervisão de um profissional qualificado.

Os frutos e as raízes da pimenta longa são utilizados como rapé em coma e sonolência, como sedativo em insónia e epilepsia, como colagogo na obstrução do ducto biliar e da vesícula biliar, como emmenagogo, abortivo e anti-helmíntico (Neelam e Krishnaswamy, 2001). Estudos clínicos revelaram que o Pippali é muito eficaz no tratamento da asma brônquica em crianças (Anshuman *et al.,* 1984). As formulações importantes que utilizam o medicamento são: Abhayaristam, Draksaristam, Chyavanaprasam, Pippalyasavam, etc. (Sivarajan & Balachandran, 1994).

O medicamento é utilizado no tratamento ayurvédico de tumores e distensão abdominal, para melhorar o fogo digestivo kapha; distúrbios, flatulência, gota, laringite, paralisia, dor reumática, ciática, vermes e para o sistema imunitário. É utilizado no fabrico de bálsamo para o alívio da constipação, bálsamo para a dor, bálsamo para o cuidado das articulações e em xaropes para o coração, para o geri/estresse e para a tosse.

11. Actividades farmacológicas

Tendo em conta a importância comercial, económica e médica desta cultura, vários trabalhadores investigaram a espécie do ponto de vista farmacognóstico, químico e também farmacológico (Neelam & Krishnaswamy, 2001).

11.1 Atividade antimicrobiana

Verificou-se que os extractos de éter de petróleo e de acetato de etilo da *pimenta* longa exercem efeitos antimicrobianos contra vários microrganismos (Ali, 2007). Os frutos foram testados quanto à sua eficácia contra a *Entamoeba histolytica in vitro* e contra a amebíase cecal experimental *in vivo.* O extrato de etanol e a piperina isolada melhoraram a amebíase cecal em 90% e 40%, respetivamente, em ratos (Ghoshal e Lakshmi, 2002). A atividade fungicida dos materiais derivados do fruto *da pimenta longa* em relação a seis fungos fitopatogénicos, *nomeadamente Pyricularia oryzae, Rhizoctonia solani, Botrytis cinerea, Phytophthora infestans, Puccinia recondita* e *Erysiphe graminis*, foi testada utilizando um método de planta inteira *in vivo.* Este tratamento foi comparado com fungicidas sintéticos (clorotalonil, diclofluanida e mancozebe) e quatro compostos comercialmente disponíveis (eugenol, piperina, piperlongumina e piperetina) (Lee, 2001). A pimenta longa apresenta atividade antibacteriana; os seus isolados são activos contra bactérias Gram positivas e moderadamente activos contra bactérias Gram negativas. Cada isolado é altamente ativo contra pelo menos uma espécie particular de bactérias: piperlonguminina contra *Bacillus subtilis* e piperina contra *Staphylococcus aureus* (Reddy *et al.*, 2001). **11.2 Atividade antialérgica**

O fruto reduz eficazmente a anafilaxia cutânea passiva em ratos e protege as cobaias contra o broncoespasmo induzido por antigénios; foi observada uma proteção de 30% dos mastócitos num estudo *in vitro* (Chatterjee, 1999). Aller-7, uma combinação de sete plantas medicinais, incluindo a pimenta longa, é utilizada para a rinite alérgica, como anti-histamínico e antiespasmódico (Amit *et al.*, 2003).

11.3 Atividade antitumoral

Foi observada uma ação protetora da piperina contra a úlcera gástrica (Bai e Xu, 2000). Foram relatadas actividades imunomoduladoras e anti-tumorais dos frutos da pimenta longa e da piperina em ratos (Sunila e Kuttan, 2004).

11.4 Distúrbios intestinais

O extrato do fruto exibe atividade anti-amebiana contra entamoeba histolytica em ratos. O extrato etanólico e a piperina, um composto puro, deste material vegetal curaram 90% e 40% dos ratos com amebíase cecal, respetivamente (Ghoshal *et al.*, 1996). Também é relatado que a droga mostra atividade anti-giardial e imunoestimuladora em ratos infectados com trofozoítos *de Giardia lamblia* (Tripathi *et al.*, 1999). **11.5 Hepatite**

O efeito hepatoprotector dos frutos foi relatado em lesões hepáticas induzidas por tetracloreto de carbono em ratos. Juntamente com *P. nigrum*, tem sido útil na hepatite viral (Koul & Kapil, 1993).

11.6 Doenças respiratórias

A decocção de frutos imaturos e raízes é usada na bronquite crónica, tosse e constipação (Sumy *et al.,* 2000). Estudos clínicos revelaram que o Pippali é muito eficaz no tratamento de asma brônquica em crianças (Dahanukar *et al.*, 1984).

Estudos efectuados em crianças revelaram que o uso prolongado de frutos diminuiu (58,3%) a gravidade dos ataques de asma brônquica. A piperina diminuiu a taxa e a amplitude da respiração e mostrou um bloqueio inespecífico do espasmo induzido pela acetilcolina, histamina 5-hidroxi-triptamina no intestino isolado da cobaia e do coelho.

11.7 Atividade anticancerígena

O extrato alcoólico de *P.longum* (10mg/dose/animal) e a piperina (1,14mg/dose/animal) inibem o desenvolvimento de tumores sólidos em ratinhos induzidos com células de linfoma ascítico de Dalton e aumentam o tempo de vida dos ratinhos. A piperina também foi considerada citotóxica para as células do linfoma ascítico de Dalton e do carcinoma ascítico de Ehrlich a 250μg/mL (Anuradha *et al.,* 2004).

11.8 Atividade antioxidante

Apresenta um potencial antioxidante promissor contra os danos oxidativos induzidos pelos radicais livres. O extrato de éter de petróleo da raiz e a piperina das raízes da *pimenta longa* diminuem os níveis de peróxido de lípidos e mantêm o teor de glutatião, demonstrando atividade antioxidante (Natarajan *et al.,* 2006).

11.9 Atividade hepatoprotectora

O extrato do fruto da planta foi avaliado em roedores quanto à sua ação hepatoprotectora contra danos agudos, crónicos reversíveis e irreversíveis induzidos pelo tetracloreto de carbono, utilizando parâmetros morfológicos, bioquímicos e histopatológicos. O extrato estimula a regeneração limitando a fibrose, mas não oferece proteção contra os danos agudos nem contra a cirrose. Verificou-se que a piperina protege contra a hepatotoxicidade induzida pelo hidroperóxido de butilo terciário e pelo tetracloreto de carbono, reduzindo a peroxidação lipídica *in vitro* e *in vivo* (Christina *et al.,* 2006).

11.10 Atividade anti-inflamatória

Foi relatada uma atividade anti-inflamatória marcada da decocção de frutos utilizando edema de rato induzido por carragenina (Choudhary, 2006).

11.11 Atividade imunomoduladora

As acções imunoestimuladoras específicas e não específicas dos frutos foram avaliadas através do título de hemaglutinação, do índice de migração de macrófagos e do índice fagocítico em ratos. Uma preparação ayurvédica bem conhecida que contém pimenta longa (pippali rasayana) foi testada em ratos infectados com *Giardia lamblia* e verificou-se que activava os macrófagos, como demonstrado por um aumento do índice de migração de macrófagos e do índice fagocítico, indicando atividade imunoestimuladora (Tripathi *et al.,* 1999).

11.12 Atividade antiplaquetária

Os efeitos inibitórios das quatro amidas ácidas piperina, pipernonalina, piperoctadecalidina e piperlongumina, isoladas dos frutos, foram avaliados na agregação de plaquetas de coelho lavadas. Todas as quatro amidas ácidas testadas inibiram, de forma dependente da dose, a agregação plaquetária induzida por colagénio, ácido araquidónico e fator de ativação plaquetária, mas não a induzida por trombina (Iwashita *et al.,* 2007).

11.13 Atividade anti-hiperlipidémica

O extrato etanólico do fruto produz piperlonguminina, piperina e pipernonalina como os principais constituintes anti-hiperlipidémicos. Apresentam uma atividade anti-hiperlipidémica apreciável *in vivo*, que foi comparável à do medicamento anti-hiperlipidémico comercial sinvastatina (Jin *et al.,* 2009).

11.14 Atividade analgésica

A suspensão aquosa do pó da raiz (200, 400 e 800 mg/kg) foi administrada oralmente a ratos e ratazanas para avaliar os seus efeitos analgésicos. O atraso no tempo de reação ao estímulo térmico foi avaliado em ratos, e a quantidade de contorções ao estímulo químico foi avaliada em ratos. Os efeitos das doses de 400 e 800 mg/kg de *pimenta longa* foram semelhantes aos dos anti-inflamatórios não esteróides ($p<0{,}001$). Tanto o ibuprofeno (40 mg/kg) como *a P. longum* (800 mg/kg) demonstraram uma proteção de 50% contra a contorção. O atraso no tempo de reação ao estímulo térmico foi <6% para diferentes doses de *pimenta longa*, em comparação com 100% para a pentazocina. Isto indica que a raiz da planta produz uma analgesia fraca do tipo opióide mas potente do tipo fármaco anti-inflamatório não esteroide (Vedhanayaki *et al.,* 2003).

11.15 Atividade adulticida

O efeito adulticida dependente da dose do extrato de etanol foi observado contra *Stegomyia aegypti*, um dos principais vectores do dengue e da febre hemorrágica do dengue. Os extractos também demonstraram uma atividade adulticida impressionante quando testados em mosquitos fêmeas por aplicação tópica (Choochote *et al.,* 2006).

11.16 Atividade inibidora da melanina

A piperlongumina *desta cultura* inibe a produção de melanina em células de melanoma B16 estimuladas com a hormona estimuladora de alfa-melanócitos, 3-isobutil-1-metilxantina ou protoporfirina IX, onde o composto exibiu uma maior eficácia despigmentante. Este efeito foi atribuído à ação inibidora da piperlongumina na sinalização da hormona estimulante dos alfa-melanócitos através do AMPc para a proteína de ligação do elemento responsivo ao AMPc, que por sua vez regula a expressão do fator de transcrição associado à microftalmia, um ativador chave da expressão da tirosinase. Desta forma, a enzima é inibida internamente, suprimindo assim a produção de melanina (Kim *et al.*, 2006).

11.17 Atividade antidepressiva

A extração dos frutos com etanol produz um alcaloide conhecido, a piperidina e a piperina, que é um inibidor da monoamina oxidase. Assim, os frutos de piper longum representam um candidato farmacoterapêutico promissor contra a depressão (Lee *et al.*, 2008).

11.18 Vasodilatação coronária

A amida dehidropipernonalina isolada do fruto demonstrou a capacidade de induzir a vasodilatação coronária (Shoji *et al.*, 1986).

11.19 Atividade antifertilidade

O extrato bruto, várias fracções e o composto purificado isolado da fração ativa dos frutos em pó foram estudados quanto aos efeitos antifertilidade em ratos fêmeas. O extrato bruto e a sua fração hexânica apresentaram uma eficácia de 100% e 86%, respetivamente (dias 1-7 pós-coito). Por outro lado, as fracções solúveis em 1-butanol, insolúveis em 1-butanol e clorofórmio foram inactivas. O extrato de benzeno do fruto juntamente com o extrato de metanol das bagas de *Embelia ribes* inibiram a gravidez em 80% quando administrados a ratos fêmeas (Lakshmi *et al.*, 2006).

11.20 Atividade antiobesidade

A inibição farmacológica da acil CoA diacilglicerol aciltransferase surgiu como uma terapia potencial para o tratamento da obesidade. Os compostos que contêm grupos piperidina são considerados potenciais inibidores da acil CoA diacilglicerol aciltransferase (Lee *et al.*, 2005).

11.21 Atividade larvicida

Os extractos de etanol derivados da *pimenta longa* foram avaliados quanto à sua eficácia contra larvas de quarto instar de mosquitos *Aedes aegypti* utilizando um bioensaio larvicida (Chaithong *et al.*, 2006).

11.22 Atividade radioprotectora

A propriedade radioprotectora de um extrato etanólico de frutos foi avaliada em ratos suíços. O extrato atenuou os níveis elevados de glutationa piruvato transaminase, fosfatase alcalina e peroxidação lipídica no fígado e no soro de animais tratados com radiação. O extrato também restaurou a produção de glutatião para oferecer radioprotecção (Sunila e Kuttan, 2005).

11.23 Atividade cardioprotectora

O efeito do extrato de metanol dos frutos foi avaliado na cardiotoxicidade induzida pela adriamicina (ou seja, alterações bioquímicas, danos de peroxidação dos tecidos e níveis anormais de antioxidantes) em ratos Wistar. Estudos histopatológicos do coração revelaram alterações degenerativas e infiltração celular em ratos tratados com Adriamicina; no entanto, o pré-tratamento com *pimenta longa* reduziu a intensidade destas lesões. Os resultados indicam que oferece uma proteção significativa contra o stress oxidativo induzido pela adriamicina e reduz a cardiotoxicidade em virtude da sua atividade antioxidante (Wakade *et al.,* 2008).

12. Melhoradores de biodisponibilidade

Foi demonstrado que a piperina aumenta a biodisponibilidade de fármacos estruturalmente e terapeuticamente diversos, possivelmente através da modulação da dinâmica da membrana, devido à sua fácil partição e aumento da permeabilidade. O mecanismo pelo qual este composto aumenta a biodisponibilidade não é conhecido. A nossa hipótese é que esta propriedade pode ser atribuída ao aumento da absorção, que pode ser causado pela alteração da dinâmica dos lípidos da membrana e pela alteração conformacional das enzimas no intestino. Também foi referido que a piperina aumenta a biodisponibilidade oral da fenitoína em seres humanos (Pattanaik *et al.,* 2006).

12.1 Ação de reforço da biodisponibilidade da piperina sobre os medicamentos

O principal composto ativo encontrado nesta planta é a piperina (1-piperoil piperidina), que é responsável pelo efeito bio potenciador. Vários medicamentos e nutrientes bio-intensificados pela piperina estão listados abaixo.

Quadro 13: Exemplos típicos de medicamentos e nutrientes bioaumentados pela piperina

Medicamentos	Classe de medicamentos	Modelo experimental
Rifampicina	Antituberculoso	Humano (*Invitro*) (Balakrishnan, 2001; Zutshi, 1985)
Sulfadiazina	Antibióticos	Cães, Ratos (Zutshi, 1985)
Nimesulida	AINE	Ratos, voluntários humanos (Gupta *et al.,* 1998)
Propranolol	Anti-hipertensivo	Humano (Bano *et al.,* 1991)
Teofilina	Antiasmático	Coelho (Bano *et al.,* 1991)
Beta-lactâmicos	Antibióticos	Ratos (Hiwale *et al.,* 2002)
Beta-lactâmicos	Anticancerígeno	Ratos (Hiwale *et al.,* 2002)
Oxitetraciclina	Antibióticos	Galinhas WLH (Singh *et al.,* 2005)
Ciprofloxacina	Antibióticos	*In-vitro* (Khan *et al.,* 2006)
Ciprofloxacina	Nutriente	Humano (Khan *et al.,* 2006)
Vitamina B6	Nutriente	Humano (Zutshi e Kaul, 1982)
Tetraciclina	Antibióticos	Cães (Majumdar *et al.,* 1990)
Vasicina	Antibióticos	Ratos (Zutshi e Kaul, 1982)
Pentobarbitona	Barbitúricos	Ratos (Majumdar *et al.,* 1990)

A piperina aumenta a atividade inibidora da transcrição da rifampicina em várias vezes contra a *Mycobacterium smegmatis* (Balakrishnan *et al.,* 2001). A rifampicina inibe a transcrição do modelo de ADN exclusivamente através da ligação à subunidade s da ARN polimerase. A piperina, por si só, não apresenta qualquer efeito inibitório no crescimento de *M.*

smegmatis mesmo em concentração mais alta de 50µg/ml, mas aumenta o potencial inibitório da rifampicina quando administrada com ela na proporção de 24: 1, nas concentrações mais baixas de 0,125-0,5µg/ml. A piperina aumenta a capacidade de

ligação da rifampicina à RNA polimerase.
Os animais tratados com pimenta longa apresentaram uma área sob a curva (AUC), uma área sob o primeiro momento da curva de concentração plasmática do fármaco (AUMC) e um tempo médio de permanência (MRT) significativamente mais elevados. O tratamento prévio com pimenta longa reduziu significativamente a constante da taxa de eliminação e aumentou a semi-vida de eliminação. A depuração corporal total (ClB) reduziu-se em 21%, enquanto a duração total do efeito farmacológico (td) aumentou em 29%. O tratamento com pimenta longa reduziu a dose de carga e a dose de manutenção em 33,3 e 39%, respetivamente.
Zhao *et al.* (2007) observaram a reversão do stress oxidativo e da disfunção hepatorenal induzida pelo berílio. Observaram que a administração individual de ácido gálico (50 mg/kg, i.p.) e de piperina (10 mg/kg, p.o.) inverteu moderadamente as variáveis bioquímicas alteradas, ao passo que a combinação destes elementos inverteu completamente as alterações bioquímicas induzidas pelo berílio e as consequências do stress oxidativo.
O efeito da piperina (10 mg/kg, 5 dias consecutivos, p.o.) individualmente e em combinação com tiferrão (300 mg/kg, i.p.) contra o berílio (1 mg/kg/dia, 28 dias, i.p.) induziu alterações bioquímicas e stress oxidativo (Nirala *et al.,* 2003).
Biodisponibilidade de 90 mg e 120 mg de coenzima Q10 administrados simultaneamente com piperina (5 mg) ou placebo em voluntários adultos saudáveis do sexo masculino numa experiência de dose única ou em experiências separadas durante 14 e 21 dias. O resultado do estudo de dose única e do 14º dia indicou um aumento menor, mas não significativo, da concentração plasmática quando comparado com a coenzima Q10 mais placebo (Badmaev *et al.,* 2000). A suplementação de 120 mg de coenzima Q10 com piperina durante 21 dias produz uma diferença estatística (p=0,0348), aproximadamente 30% maior, na área sob a curva plasmática do que a coenzima Q10 mais placebo.
Efeito antidepressivo da curcumina com piperina e concluiu que a combinação de piperina (2,5 mg/kg, i.p., 21 dias), com curcumina (20 e 40 mg/kg, i.p.) mostrou uma potenciação significativa dos seus efeitos anti-imobilizantes, de reforço dos neurotransmissores (serotonina e dopamina) e de inibição da monoamina oxidase (MAO-A) em comparação com o efeito da curcumina (Kulkarni *et al.,* 2008).
Os efeitos da administração simultânea de piperina (20 mg, p.o.) na concentração plasmática de carbamazepina (300 mg ou 500 mg) duas vezes por dia em doentes epilépticos (Pattanaik *et al.,* 2009). Observaram que a piperina aumentou significativamente as concentrações plasmáticas médias de carbamazepina em ambos os grupos de dose. Houve um aumento significativo na AUC (0- 12hr) ($p < 0,001$), C médio (ss) ($p < 0,001$), t (1/2) ($p < 0,05$) e uma diminuição em K (el) ($p < 0,05$), em ambos os grupos de dose, enquanto as alterações em K (a) e t 1/2 não foram

significativas. C max ($p < 0,01$) e t (max) ($p < 0,01$) foram aumentados apenas no grupo de dose de 500 mg.
Kasibhatta e Naidu (2007) administraram piperina ou placebo a homens adultos saudáveis durante 6 dias. No dia 7, a piperina ou o placebo foram administrados com nevirapina (200 mg). Foram recolhidas amostras de sangue de 1 a 144 horas após a dose. Examinaram que a concentração plasmática máxima média, a área sob a curva de concentração plasmática-tempo desde as 0 horas até à última concentração mensurável, a área sob a curva extrapolada para o infinito e os valores de C (último) da nevirapina aumentaram aproximadamente 120%, 167%, 170% e 146%, respetivamente, quando co-administrados com piperina.
Durgaprasad *et al.* (2005) avaliaram o efeito da curcumina oral (500 mg) com piperina (5 g) na dor e nos marcadores de stress oxidativo em doentes com pancreatite tropical. Verificou-se uma redução significativa dos níveis de malonildialdeído nos eritrócitos após a terapia com curcumina em comparação com o placebo, com um aumento significativo dos níveis de glutatião.
Piperina (70,2 micromol/kg, p.o.) coadministrada com (-)-Epigalocatequina-3-galato (163,8 micromol/kg, p.o) a ratinhos CF-1 machos aumentou o plasma (max) e a área sob a curva em 1,3 vezes em comparação com ratinhos tratados apenas com epigalocatequina-3-galato (Zutshi, 1985). Parece dever-se à inibição da glucuronidação e do trânsito gastrointestinal. Foi observado um aumento da absorção de glucose do trato gastrointestinal de coelhos após a administração de piperina (Lambert *et al.*, 2004).
Os bioenriquecedores são facilitadores de medicamentos, ou seja, moléculas que, por si só, não apresentam uma atividade medicamentosa típica, mas que, quando utilizadas em combinação, aumentam a atividade das moléculas medicamentosas de várias formas, incluindo:

a) Aumento da biodisponibilidade do fármaco através da membrana.
b) Potencialização da molécula do fármaco por interação conformacional.
c) Actua como recetor da molécula do fármaco.
d) Tornar as células-alvo mais receptivas aos medicamentos e assim por diante.

Descobriu-se que a piperina possui propriedades bio-intensificadoras ao ser combinada com medicamentos anti-TB e contra a lepra. Com a utilização de piperina, a dose de medicamentos anti-TB pode ser reduzida para metade. Foi concedida uma patente à piperina e foram concluídos ensaios clínicos de fase I, II e III (Zutshi, 1985).
Gupta *et al.* (1998).estudaram o efeito sinérgico dependente da dose da piperina na antinocicepção induzida pela nimesulida, no teste de contorção induzido pelo ácido acético em ratos. Isto indica que a piperina inibe a biotransformação e o metabolismo da nimesulida, levando a níveis significativamente mais elevados ($p < 0,05$) do fármaco na circulação sistémica.

O efeito da piperina na biodisponibilidade e na farmacocinética do propranolol e do a teofilina foi examinada num estudo cruzado. Seis indivíduos em cada grupo receberam uma dose oral única de propranolol 40 mg ou teofilina (150 mg) isoladamente ou em combinação com piperina 20 mg diariamente durante 7 dias. Observou-se um tmax mais precoce e uma Cmax e AUC mais elevadas nos indivíduos que receberam piperina e propranolol. Produziu uma Cmax mais elevada, uma semi-vida de eliminação mais longa e uma AUC mais elevada com a teofilina. Na prática clínica, a maior disponibilidade sistémica do propranolol e da teofilina orais poderia ser explorada para obter um melhor controlo terapêutico e uma melhor adesão dos doentes (Bano *et al.,* 1991).

A coadministração de piperina, um alcaloide isolado de *Piper nigrum L.*, aumentou significativamente a biodisponibilidade dos antibióticos beta-lactâmicos, amoxicilina tri-hidratada e cefotaxima sodium em ratos. A biodisponibilidade melhorada reflecte-se em vários parâmetros farmacocinéticos, nomeadamente tmax, Cmax (1/2) e AUC, destes antibióticos. O aumento da biodisponibilidade pode ser atribuído ao efeito da piperina nas enzimas de metabolização microssomal ou no sistema de enzimas (Hiwale e Dhuley, 2002).

A alteração da farmacocinética da oxitetraciclina após a administração oral de Piper longum em galinhas foi avaliada por Singh *et al.* (2005).

A piperina, quando em combinação com a ciprofloxacina, reduziu acentuadamente as CIM e a concentração de prevenção de mutações da ciprofloxacina para *Staphylococcus aureus*, incluindo *S.aureus* resistente à meticilina. A maior acumulação e a diminuição do efluxo de brometo de etídio nas estirpes de tipo selvagem e mutante (CIPr-1) na presença de piperina sugerem o seu envolvimento na inibição das bombas de efluxo bacteriano (Khan *et al.,* 2006).

A piperina também inibiu o esvaziamento gástrico (GE) de sólidos/líquidos em ratos e o trânsito gastrointestinal (GT) em ratinhos de uma forma dependente da dose e do tempo (Bajad *et al.,* 2001).

Pensa-se que o mecanismo seja a inibição de certas enzimas envolvidas na biotransformação dos fármacos afectados. Verificou-se que a piperina é um inibidor inespecífico do metabolismo de fármacos e xenobióticos. Parece inibir muitas isoformas diferentes do citocromo P450, bem como a UDP-glucuroniltransferase e a aril-hidrocarboneto hidroxilase hepática e outras enzimas envolvidas no metabolismo de drogas e xenobióticos. Foram propostos diferentes mecanismos para a atividade bioenergética da piperina, incluindo a ligação a receptores de ADN, a modulação da transdução de sinais celulares e a inibição da bomba de efluxo de fármacos (Singh *et al.,* 1986). Em geral, inibe as enzimas metabolizadoras de fármacos, estimula a absorção através da estimulação dos transportadores de aminoácidos intestinais inibe a bomba celular responsável pela eliminação do fármaco das células e inibe a produção intestinal de ácido glucurónico, permitindo assim a entrada de uma forma mais ativa do fármaco no organismo Pode aumentar a absorção do fármaco no TGI ou inibir as enzimas responsáveis pelo metabolismo do fármaco, especialmente no fígado, quando o fármaco passa através do fígado após a absorção do TGI. A administração oral de piperina em ratos inibiu fortemente as actividades hepáticas da aril-hidrocarboneto hidroxilase (AHH) e da UDP-glucuroniltransferase.

A piperina inibe a glicoproteína-P e a CYP3A4 humanas. Ambas as proteínas são expressas nos enterócitos e hepatócitos e contribuem em grande medida para a eliminação de primeira passagem de muitos fármacos; isto indica que a piperina dietética pode afetar as concentrações plasmáticas dos substratos da glicoproteína-P e do CYP3A4 nos seres humanos, em particular se estes fármacos forem administrados por via oral. Algumas das enzimas metabolizadoras inibidas ou induzidas pela piperina incluem CYP1A1, CYP1B1, CYP1B2, CYP2E1, CYP3A4, etc. (Bhardwaj *et al.,* 2002). A maioria dos fármacos metabolizados por estas enzimas será, por conseguinte, influenciada pelo bioenriquecedor. O mecanismo de ação pormenorizado dos bioenriquecedores ainda está a ser avaliado. Alguns outros mecanismos sugeridos incluem tornar os receptores-alvo mais reactivos aos fármacos, atuar como receptores para as moléculas dos fármacos, aumentar a vasculatura do TGI através da vasodilatação para aumentar a absorção dos fármacos, modular a dinâmica da membrana celular para aumentar o transporte dos fármacos através das membranas celulares, etc. (Khajuria *et al.,* 1991 e Reen *et al.,* 1996). O objetivo desta tecnologia é visar fármacos caros, tóxicos e escassos ou fármacos com fraca biodisponibilidade. É interessante notar que a piperina é adicionada numa dose de 10 mg em todas as formulações, independentemente da dose da combinação ativa. Foi recentemente proposto que a capacidade de aumento da absorção exibida pela piperina pode estar fortemente relacionada com a alteração da fluidez lipídica da membrana celular. A piperina provocou o aumento da fluidez da membrana da borda em escova com dependência da concentração A piperina também pode interagir com proteínas incorporadas na membrana celular, estimulando a atividade da leucina amino peptidase e da glicil-glicina dipeptidase. Isto sugere que a piperina pode modular a dinâmica da membrana celular relacionada com o mecanismo de transporte passivo, devido à sua natureza apolar por mecanismo de transporte, devido à sua natureza apolar por domínio hidrofóbico das proteínas celulares (Annamalai e Manavalan, 1989).

12.2 Ação de reforço da biodisponibilidade da piperina sobre os nutrientes

Foi observado um aumento da absorção de glucose do trato gastrointestinal de coelhos após a administração de piperina (Balakrishnan *et al.,* 2006). Verificou-se também que a piperina reduz a secreção de ácido e diminui a motilidade intestinal.

A suplementação de piperina, quando administrada durante 14 dias a voluntários do sexo masculino, revelou um aumento de 60% da área sob a curva do beta-caroteno sérico (AUC) em relação ao observado durante a suplementação com beta-caroteno mais placebo.

A biodisponibilidade melhorada dos nutrientes deve-se à sua ação termonutriente. A bioperina, um termonutriente, ajuda a aumentar a taxa de absorção dos nutrientes suplementados através da termogénese. Melhora a absorção de nutrientes como a glucose, a vitamina B6, os aminoácidos, o beta-caroteno, o selénio e a curcumina.

12.3 Mecanismo de ação da piperina como bio-fortificante

Mais recentemente, o mecanismo de ação da piperina foi descoberto pelo Instituto Indiano de Ciência, Bangalore, utilizando *o Mycobacterium smegmatis* como organismo de teste (Annamalai e Manavalan, 1989). Uma observação interessante é que a piperina sozinha, mesmo em concentrações elevadas, não inibe o crescimento de micobactérias. Mas mostra um efeito inibidor de crescimento notável no microrganismo e esta inibição é mais elevada do que a da refampicina isolada. Como a RNA polimerase é o local de ação da rifampicina, verificou-se que a piperina anula a transcrição não específica catalisada pela RNA polimerase de *M. smegmatis*. Quando a ARN polimerase foi purificada a partir de estirpes de M. smegmatis resistentes à rifampicina, a atividade enzimática, que de outra forma seria resistente à rifampicina, diminuiu significativamente na presença de piperina juntamente com a rifampicina.

O aumento da biodisponibilidade in vivo dos medicamentos deve-se à inibição das enzimas hepáticas e não hepáticas que metabolizam os medicamentos (Atal *et al.*, 1985). Sabe-se que a atividade da glucoronil transferase é inibida pela redução do teor endógeno de ácido glucorónico UDP e pela diminuição da atividade da transferase.

O anel metilenodioxifenil da piperina também é responsável pela inibição das enzimas metabolizadoras de drogas e a inibição da hidrocarboneto aril hidroxilase mediada pela piperina resulta na supressão do procarcinogénio devido à interação direta da piperina com o CYP1A1 (Reen *et al.*, 1996).

Um outro mecanismo de ação da piperina foi explicado pelo Regional Research Laboratory, Jammu. A piperina actua como um modulador da dinâmica da membrana celular e ajuda a transportar os fármacos através destas barreiras.

Foi demonstrado que a piperina aumenta os níveis séricos e prolonga as meias-vidas séricas de algumas substâncias nutricionais, como a coenzima Q10 e o betacaroteno. O mecanismo desta ação é desconhecido. Especula-se que a piperina pode atuar como um chamado termonutriente e aumentar a absorção de certas substâncias nutricionais do trato gastrointestinal, produzindo uma ação termogénica local (Goldstein, 1984; Khajuria *et al.*, 2002).

13. Referências

Ali, A.M., Alam, N.M., Yeasmin, M.S., Khan, A. M., e Sayeed, M. A. (2007). Rastreio antimicrobiano de diferentes extractos de *Piper longum* Linn. *Res. J. Agr. Bio Sci.* 3: 852-857.

Amit, A., Saxena, V.S., Pratibha, N., Stohs, S.J. (2003). Estabilização de mastócitos, inibição da lipoxigenase, inibição da lialuronidase, actividades anti-histamínicas e antiespasmódicas do Aller-7, uma nova formulação botânica para a rinite alérgica. *Drugs Exp. Clin. Res.* 29(3): 107-115.

Annalen, A. (1850) Wertheim e Rochleder, ibid. 54: 255.

Annamalai, A.R., Manavalan, R. (1989). Efeitos do Trikatu e dos seus componentes individuais e da piperina no trato gastrointestinal: Trikatu- A bioavailability enhancer. *Indian Drugs*. 27:595-604.

Anónimo (1960). Vidhyalankar Atrideva, Ayurveda Ka Bhruhat Ithihas, 1ª Edição, Varanasi, Bhargava Bhushana Press: 704.

Anónimo (1969). The Wealth of India: A Dictionary of Indian Raw Materials and Industrial Products- Raw Materials Series, Direção de Publicações e Informação, Conselho de Investigação Científica e Industrial, Nova Deli. 8: 96-99.

Anónimo (1983). Chakrapanidatta, Chakradutta com comentário Bhavartha Sandeepini Hindi 5ª edição, Choukamba Sanskrit series office, Varanasi.

Anónimo (1998). Vaghbhatacharya, Ashtanga Samgraha, Traduzido pelo Prof. K. R. Shrikanta Murthy, Vol I 2nd Edição, Varanasi, Chaukhamba Orientalia :631.

Anónimo (2000). Comissão de Planeamento, Relatório do Grupo de Trabalho sobre Horticultura, Culturas de Plantação e Agricultura Biológica para o XI Plano Quinquenal.

Anónimo (2001). Agnivesa, Charaka Samhita (revisto por Charaka e Dridhabala) com comentário de Chakrapanidatta, editado por Vaidya Acharya Yadavaji Trikamji, 5th ed, Varanasi: Chaukambha Sanskrit Sansthan: 738.

Anónimo (2001a). Susruta, Susruta Samhita, Vol I (Editado com Ayurveda TattvaSandipika) por Shastri Kaviraja Ambikadutta, 12ª ed.Varanasi: Chaukhamba Sanskrit Sansthan 2001, Tpg:879.

Anónimo (2002a). Vaghbhatacharya, Ashtanga Hrdayam com Sarvangasundhara de Arunadutta e Ayurved Rasayana de Hemadri, compilado por Dr.Anna Moreshwar Kunte e 28. Krishna Ramachandra Shastri Navre, Reimpressão, Nova Deli, Rashtriya Sanskrit Sansthan, 2002 Tpg:956.

Anónimo (2004). Bhavamishra, Bhavaprakasa Nighantu, comentado e editado pelo Dr. Chunekar K.C, Dr. Pandey G.S, e Varanasi: Chaukambha Sanskrit Sansthan Reprint. 984:15.

Anónimo (2007). Relatório da Comissão de Planeamento.

Anónimo (2010). Base de dados multilingue de nomes de plantas. Disponível em:

http://www.plantnames.unimelb.edu.au/Sorting/Piper.html.([Data de acesso: março 03, 2010])

Anónimo (2010a). Portal de saúde e estilo de vida Ayushveda. Disponível em: http://www.ayushveda.com/herbs/piper-longum.htm. ([Data de acesso: 03 de março de 2010])

Anshuman, P.S., Sing K.P. e Aasra, K.G. (1984). Efeito de Vardhaman pippali (Piper longum) em pacientes com doenças respiratórias, Sachitra Ayurv. 37(1): 47-49.

Anuradha, V., Srinivas, P.V., e Rao, J.M. (2004). Isolamento e síntese de isodihidropiperlonguminina. *Nat Prod Res*.18: 247-251.

Atal, C.K., Dubey, R.K. e Singh, J. (1985). Base bioquímica do aumento da biodisponibilidade dos fármacos pela piperina: Provas de que a piperina é um potente inibidor do metabolismo dos medicamentos. *Journal of Pharmacology and Experimental Therapeutics*. 232: 258- 262.Babo, N. e Keller, J. (1857). *Journ. pr. chem*. 72: 53.

Badmaev, V., Majeed, M., Prakash, L. (2000). A piperina derivada da pimenta preta aumenta os níveis plasmáticos da coenzima Q10 após a suplementação oral. *J. Nutr. Biochem*. 11: 109-113.

Bai, Y.F. e Xu, H. (2000). Ação protetora da piperina contra a úlcera gástrica experimental. *Ata Pharmacol Sin*. 21(4): 357-359.

Bajad, S., Bedi, K.L., Singla, A.K. e Johri, R.K. (2001). A piperina inibe o esvaziamento gástrico e o trânsito gastrointestinal em ratos e ratinhos. *Planta Med*. 67:176-9.

Balakrishnan, V., Varma, S. e Chatterji, D. (2001). Piperine auguments transcription inhibitory activity of rifampicin by several fold in *Mycobacterium smegmatis*. *Current Science*. 80: 1302-1305.

Banerjee, N.S., Manoj, P. e Das, M.R. (1999). Marcadores RAPD associados ao sexo masculino em *Piper longum* Linn. *Curr Sci*. 77(5): 693-695.

Bano, G., Raina, R.K., Zutshi, U., Bedi, K.L., Johri, R.K. e Sharma, S.C. (1991). Effect of piperine on bioavailability and pharmacokinetics of propranolol andtheophylline in healthy volunteers (Efeito da piperina na biodisponibilidade e farmacocinética do propranolol e da teofilina em voluntários saudáveis). *Eur. J. Clin. Pharmacol*. 41(6): 615-61.

Bapalal, V. G. (2002). Nighantu Adarsha, 3ª edição, Varanasi, Academia Chaukhamba Bharathi: 919.

Bhardwaj, R.K., Glaeser, H., Becquemont, L., Klotz, U. e Gupta, S.K. (2002). Fromm MF. A piperina, um dos principais constituintes da pimenta preta, inibe a Pglycoproteína humana e o CYP3A4. *J. Pharmacol Exp. Ther*. 302:645-50.

Bisht, B.S.(1963). Farmacognosia completa de *Piper longum*. *Planta. Med.* 11:410413.

Chaithong, U., Choochote, W., Kamsuk, K., Jitpakdi, A., Tippawangkosol, P. e Chaiyasit, D. (2006). Larvicidal effect of pepper plants on *Aedes aegypti* (L.) (Diptera: Culicidae). *J Vetor Ecol.* 31: 138-144.

Chanda, D., Shanker, K., Pal, A., Lugman, S., Bawankule, D.U. e Mani, D. (2009). Avaliação da segurança do Trikatu, um medicamento ayurvédico genérico em ratos Charles foster. *J Toxicol Sci.* 34: 99-108.

Chatterjee, A e Dutta, C.P. (1967). Alcalóides de *Piper longum* Linn. I. Estrutura e síntese da piperlongumina e da piperlonguminina. *Tetrahedron.* 23: 1769-1781.

Chatterjee, S. (1999). Efeito broncodilatador e anti-alérgico de Pulmoflex- Uma formulação patenteada à base de plantas. *Indian J Physiol Pharmacol.* 43(3): 486-490.

Chaveerach, A., Mokkamul, P., Sudmoon, R. e Tanee, T. (2006). Etnobotânica do género *Piper* (Piperaceae) na Tailândia. *Ethnobotany Research & Applications.* 4:223-231.

Choochote, W., Chaithong, U., Kamsuk, K., Rattanachanpicchai, E., Jitpakdi, A. e Tippawangkosol, P. (2006). Atividade adulticida contra *Stegomyia aegypti* (Díptera: Culicidae) de três Piper spp. *Rev Inst Med Trop São Paulo.* 2006; 48: 33-37.

Chopra, R.N., Nayar, S.L. e Chopra, I.C. (1956). Glossário de plantas medicinais indianas, CSIR, Nova Deli. 224.

Choudhary, G.P. (2006). Atividade estabilizadora de mastócitos de *piper longum* Linn. *Indian J Allergy Asthma Immunol.* 20: 112-116.

Christina, A.J., Saraswathy, G.R., Robert, S.J., Kothai, R., Chidambaranathan, N. e Nalini, G.(2006). Inibição da fibrose hepática induzida por CCl4 por *Piper longum* Linn. *Phytomedicine.* 13:196-198.Chunekar, K.C. (1982). Bhavamisra Commentary, Varanasi (em hindi). 21.

Dahanukar, S.A., Karandikar, S.M. e Desai, M. (1984). Eficácia de *Piper longum* na asma infantil. Indian Drugs. 9: 384-388.

Dasgupta, A. e Dutta, P.C. (1980). Espécies medicinais de piper. Delimitação farmacognóstica. *Q. J. Crude Drug Res.* 18(1):17-20.

Desai, S.J., Bharathi, R. e Mulchandani, N.B. (1988). Aristolactams e 4,5-dioxoaporphines de *Piper longum*. *Phytochemistry.* 27: 1511-1515.

Durgaprasad, S., Pai, C.G., Vasanthkumar, Alvres J.F. e Namitha, S. (2005). Um estudo piloto sobre o efeito antioxidante da curcumina na pancreatite tropical. *Indian J Med Res.* 122(4): 315-318.

Dutt, C.P., Banerjee, N. e Roy, D.N. (1975). Lignanas nas sementes de *Piper longum*. *Phytochemistry.* 14:2090-2091.

Ghoshal, S. e Lakshmi, V. (2002). Potencial propriedade anti-amebiana das raízes de *Piper longum* Linn. *Phytother Res.* 16: 689-691.

Ghoshal, S., Prasad, B.N. e Lakshmi, V. (1996). Atividade antiamoébica dos frutos de *Piper longum* contra Entamoeba histolytica *in vitro* e *in vivo*. *J. Ethnopharmacol.*

50(3):167-170.

Goldstein, D.B. (1984). O efeito dos fármacos na fluidez das membranas. *Annu. Rev. Pharmacol. Toxicol.* 24:43-64.

Gupta, S.K., Velpandian, T., Sengupta, S. e Mathur, P. S. (1998). Influência da piperina na antinocicepção induzida pela nimesulida. *Phytother. Res.* 12(4): 266-269.

Hamrapurkar, P.D., Jadhav, K. e Zine, S. (2011). Estimativa quantitativa de piperina em *Piper nigrum* e *Piper longum* utilizando cromatografia de camada fina de alto desempenho. *Jornal de Ciências Farmacêuticas Aplicadas*. 1: 117-120.

Hiwale, A.R., Dhuley, J.N. e Naik, S.R. (2002). Efeito da coadministração de piperina na farmacocinética de antibióticos beta-lactâmicos em ratos. *Indian J. Exp. Biol.* 40(3): 277-281.

Iwashita, M., Saito, M., Yamaguchi, Y., Takagaki, R. e Nakahata, N. (2007). Efeito inibitório do extrato de etanol de *Piper longum* L. na agregação plaquetária de coelho através do antagonismo do recetor de tromboxano A2. *Fitomedicina*. 14: 853-855.

Jansz, E.R., Pathirana, I.C. e Packiyasothy, E.V. J. (1983). *Natrl. Sci. Counc.* 11:129-138.

Jin, Z., Borjihan, G., Zhao, R., Sun, Z., Hammond, G.B. e Uryu, T. (2009). Compostos anti-hiperlipidémicos do fruto de *Piper longum L. Phytother Res*. 23: 1194-1196.

Joshi, A.C. (1944). Estrutura e desenvolvimento do óvulo e do emryo-sac de *P. longum. Proc. Nat. Inst. Sci.* 10 (1):105-113.

Kasibhatta, R. e Naidu, M.U. (2007). Influência da piperina na farmacocinética da nevirapina em condições de asting: um estudo aleatório, cruzado e controlado por placebo. *Drugs R. D.* 8(6): 83-391.

Khajuria, A., Thusu, N. e Zutshi, U. (2002). A piperina modula as caraterísticas de permeabilidade do intestino induzindo alterações na dinâmica da membrana: Influência na fluidez da membrana da borda em escova, ultraestrutura e cinética enzimática. *Fitomedicina*. 9:224-231.

Khan, I.A., Mirza, Z.M., Kumar, A., Verma, G.N. e Qazi, V. (2006). Piperina, um potenciador fitoquímico da ciprofloxacina contra *Staphylococcus aureus*. Antimicrob. gents Chemother. 50(2):810-812.

Kim, K.S., Kim, J.A., Eom, S.Y., Lee, S.H., Min, K.R. e Kim, Y. (2006). Efeito inibitório da piperlonguminina na produção de melanina na linha celular de melanoma B16 por regulação negativa da expressão da tirosinase. *Pigment Cell Res*. 19: 9098.

Kirtikar, K. R. e Basu, B.D. (1980). in: Indian Medicinal Plants. Orients Longman, Mumbai, Índia. pp. 21-28.

Kirtikar, K.R. e Basu, B.D. (1933). Indian Medicinal Plants, 2nd Edn, Lalit Mohan Basu Publications, Allahabad. pp. 2131-2133.

Koul, I.B. e Kapil, A. (1993). Avaliação do potencial protetor do fígado da Piperina: um princípio ativo da pimenta preta e da pimenta longa. *Planta Med.* 59(5): 413-417.

Kulkarni, D., Apte, S.P., Francis, M. e Sane, R. T. (2001). *Indian Drugs*. 38: 323326.
Kulkarni, S.K., Bhutani, M.K., Bishnoi, M. (2008). Atividade antidepressiva da curcumina: envolvimento do sistema da serotonina e da dopamina. *Psychopharmacology (Berl)*. 201(3): 435-442.
Kumar, S., Arya, P., Mukherjee, C., Singh, B.K., Singh, N. e Parmar, V.S. (2005). Novo éster aromático de *Piper longum* e seus análogos inibem a expressão de moléculas de adesão celular em células endoteliais. *Biochemistry*. 44:15944-15952.
Lakshmi, V., Kumar, R., Agarwal, S.K. e Dhar, J.D. (2006). Atividade antifertilidade de *Piper longum* Linn. em ratos fêmeas. *Nat Prod Res*. 20: 235-239.
Lambert, J.D., Ong, J., Kim, D.H., Mishim, V.M. e Yang, C.S. (2004). A piperina aumenta a biodisponibilidade do polifenol do chá - epigalocatequina - 3-galato em ratos. *J Nutr*. 134(8): 48-52.
Lee, S.A., Hong, S.S., Han, X.H., Hwang, J.S., Oh, G.J., Lee, K.S. (2005). Piperina dos frutos de Piper longum com efeito inibitório na monoamina oxidase e atividade antidepressiva/like. *Chem Pharm Bull*. 53: 832-835.
Lee, S.A., Hwang, J.S., Han, X.H., Lee, C., Lee, M., Choe, S.G. (2008). Derivados de metilpiperato de *Piper longum* e sua inibição da monoamina oxidase. *Arch Pharm Res*. 31: 679-683.
Lee, S.E., Park, B.S., Kim, M.K., Choi, W.S., Kim, H.T., Cho, K.W. (2001). Atividade fungicida da pipernonalina, um alcaloide de piperidina derivado da pimenta longa contra fungos fitopatogénicos. *Proteção das culturas;* 20: 523-528.
Lee, S.W., Rho, M.C., Park, H.R., Choi, J.H., Kang, J.Y., Lee, J.W. (2006). Inibição da diacilglicerol aciltransferase por alcamidas isoladas dos frutos de *Piper longum* e *Piper nigrum*. *J Agric Food Chem*. 54: 9759-9763.
Lupina,T. e Cripps, H. J. (1987). *Assoc. Off. Anal. Chem*. 70: 112-113.
Majumdar, A.M., Dhuley, J.N., Deshmukh, V.K., Raman, P.H., Thorat, S.L. e Naik, S.R. (1990). efeito da piperina na hipnose induzida por pentobarbitona. *Ind. Journal of exp. Biology*. 28:486-487.
Marion, L. (1960). The Pyrrolidine Alkaloids. Em The Alkaloids Chemistry and Physiology; Manske R. H. F., Holmes H. L., Eds.; Academic Press: Londres. pp-168.
Mehra, N. e Puri, H. S. (1970). Morfologia dos frutos de *P. longum*. *Indian J. Pharm.* 32:175.
Mishra, V. S. (1990). Kendriya Ayurveda evam Siddha anusandhana paddati, Nova Deli.
Mooss, N. S. (1980). Ganas de vahata, Kottayam. 86.
Mukherjee, P. K. (2002). Controlo de qualidade de medicamentos à base de plantas. Business Horizons, 1ª Ed: 205-209.
Nair, K.K.N. (2000). Manual of Non-wood forest produce plants of Kerala, Kerala, Forest Research Institute, Kerala. pp. 268-270.

Narahari, P. (1998). Raja Nighantu, editado com Dravyaguna prakashika pelo Dr. Indradio Tripathi, Introdução por Acharya Vishwanath Dwivedhi, 2nd edição Varanasi, Krishnadas Academy, Oriental Publishers and Distribution.703.

Natarajan, K.S., Narasimhan, M., Shanmugasundaram, K.R. e Shanmugasundaram, E.R. (2006). Atividade antioxidante de uma mistura de sal/especiarias/ervas contra a indução de radicais livres. *J. Ethnopharmacol.* 105: 76-83.

Neelam, T. e Krishnaswamy, K. (2001). Nutritive value of Pepper, In Pepper market review National Institute of Nutrition, Hyderabad, pp. 1-5.

Nirala, S.K., Bhadauria, M., Mathur, R. e Mathur, A. (2003). Influência do alfatocoferol, própolis e piperina no potencial terapêutico do tiferron contra a toxicidade induzida pelo berílio. 1: 53-85.

Ojo, J. (2004). Umapathi, Dhanwantari Nighantu, Reimpressão, Varanasi, Chaukhamba Surabharathi Prakashan. 393.

Park, B.S., Son, D.J., Park, Y.H., Kim, T.W. e Lee, S.E. (2007). Efeitos antiplaquetários de acidamidas isoladas dos frutos de *Piper longum* L. *Phytomedicine.* 14: 853-855.

Pattanaik, S., Hota, D., Prabhakar, P. e Pandhi, P. (2009). Interação farmacocinética de uma dose única de piperina com carbamazepina em estado estacionário em doentes com epilepsia. *Phytother Res.* pp. 12.

Pattanaik, S., Hota, D., Prabhakar, S., Kharbanda, P. e Pandhi, P. (2006). Efeito da piperina na farmacocinética de estado estacionário da fenitoína em pacientes com epilepsia. *Phytother Res.* 20: 683-686.

Raman, G. e Gaikar, V.G. (2002). Extração de Piperina de *Piper nigrum* (Pimenta Preta) por Solubilização Hidrotrópica. Merck Index, 11th Edition: 7442.

Rastogi, N. K. e Niranjan, K. (1998). Transferência de massa melhorada durante a desidratação osmótica de ananás tratado a alta pressão. *J. Food Sci.* 63: 508-511.

Rastogi, R.P. e Malhotra, B.N. (1993). *Compêndio de Plantas Medicinais Indianas.* CDRI, Luckhnow e Nova Deli, Índia: Nisc: 504-857.

Rathnawathie, M. e Buckle, K.A. (1998). Determinação da piperina na pimenta (*Piper nigrum*) por cromatografia líquida de alta eficiência. *J. Chromatogr.* 264: 316-320.

Reddy, S. P., Kaiser, J., Madhusudhan, P., Anjali, G. e Das, B. (2001). Atividade antibacteriana de isolados de *Piper longum* e *Taxus baccata. Pharm Biol.* 3:236-238.

Reen, R.K., Roesch, S.F., Kiefer, F., Weibel, F.J. e Singh, J. (1996). A piperina prejudica o citocromo PA501A1 por interação direta com a enzima e não por regulação negativa da expressão do gene CYP1A1 no hepatoma de rato 5 L Cell. Line. *Biochem. Biophys.Research Comm.* 218:562-569.

Santosh, M.K., Shaila, D., Rajyalakshmi, I. e Sanjeevarao, I. (2005). Método RPHPLC para a determinação de piperina de *Piper longum* L. e *Piper nigrum* L. Ejournal of chemistry 2:131-135.

Sarasan, V., Thomas, E., Lawrence, B. e Nair, G.M. (1993). Regeneração de plantas em Piper longum Linn. (Piperaceae) através do desenvolvimento direto e indireto de rebentos, J Spices Arom Crops. 2: 34-40.
Sen, G. K. (2005). Bhaishajya Ratnavali, editado por Siddhiprada Hindi Commentary por Prof Siddhinandan Mishra 1st Edition, Varanadsi, Chaukhamba Surabharathi Prakashan. 1196.
Sharangadharacharya, P. (2006). Sharangadhara Samhita - Com o comentário Dipika de Adhamalla e Gudhartha Dipika Vyakyakara de Kasirama, Dr. Bramhananda Tripathi Varanasi, Chaukhambha Orientalia, edição. 398.
Sharma, P.V. (1983). Dravyaguna vijnana; Varanasi (em hindi). 276.
Sharma, P.V. e Guru P. S. (1979). Kaiyadeva Nighantu (Pathya apathy vibhodhakar) 1st Edition, Varanasi, Chaukhamba Orientalia. 696.
Shastri, H. (1968). Edição de Amarakosha (Namalinganushasana), escritório da série Choukamba Sanskrit, Varanasi.
Shastri, V. S. L. Y. (1973). Vidyotini Hindi Tika, 2ª edição Varanasi, Chaukamba Samskritha Sirija. 503.
Shoji, N., Umeyama, A., Saito, N., Takemoto, T. e Kajiwara, A. (1986). Ohizumi Dehydropipernonaline, uma amida com atividade vasodilatadora coronária, isolada de *Piper longum* L. *J Pharm Sci*. 75:1188-1189.
Shrikrishnadas, V. P. (1954). Ram Gangavishnu Madanapala Nighantu, Mumbai, Lakshmi Venkateshwara Steam Press Kalyana Publications. 135.
Singh, J., Dubey, R.K. e Atal, C.K. (1986). Inibição da atividade de glucuronidação mediada pela piperina em células epiteliais isoladas do intestino delgado da cobaia: provas de que a piperina reduz o teor de ácido UDP-glucurónico endógeno. *J Pharmacol Exp Ther*. 236: 488-93.
Singh, M., Varshneya, C., Telang, R.S. e Srivastava, A.K. (2005). Alteração da farmacocinética da oxitetraciclina após administração oral de *Piper longum* em galinhas. *J. Vet. Sci*. 6(3): 197-200.
Sivarajan, V.V. e Balachandran, I. (1994). Ayurvedic drugs and their plant sources, Oxford and IBH Publishing Co.Pvt.Ltd, New Delhi. 374-376.
Sumy, O., Ved, D.K. e Krishnan, R. (2000). Tropical Indian Medicinal Plants, métodos de propagação. 268-269.
Sun, X.X., Hodge, J.J., Zhou, Y., Nguyen, M. e Griffith, L.C. (2004). O canal de potássio liga-se e ativa localmente a proteína quinase II dependente de cálcio/calmodulina. *J Biol Chem*. 279: 10206-10214.
Sunila, E.S. e Kuttan, G. (2004). Actividades imunomoduladoras e anti-tumorais de *Piper longum* Linn. e piperina. *J. Ethnopharmcol*. 90 (2-3): 339-346.
Sunila, E.S. e Kuttan, G. (2005). Efeito protetor do extrato etanólico do fruto de *Piper longum* nos danos induzidos pela radiação em ratos: um estudo preliminar. *Fitoterapia*.

76: 649-655.
Suthar, A.C., Sohoni, D.P., Banavalikar, M.M. e Biyani, M.K. (2003). Método HPTLC para identificação de diferentes espécies de piper e suas misturas. *Indian Drugs*. 40: 692-694.
Thomas, A.H. (1949). The plant alkaloids fourth edition the blakiston company philadelphia Toronto.75: 82-84.
Tiwari, R.C., Clegg, L.X. e Zou, Z. (2006). Estimativa eficiente de intervalos para taxas de cancro ajustadas à idade. *Stat Methods Med Res*. 15: 547-569.
Tripathi, D.M., Gupta, N., Lakshmi, V., Saxena, K.C. e Agrawal, A.K. (1999). Efeito antigiardial e imunoestimulador de *Piper longum*; na giardíase devida a Giardia lamblia. *Phytother Res*. 13 (7): 561-565.
Vaidya, K.M. (1936). O Ashtangahridayakosha com o comentário do Hridaya Prakasha, Trichur (em sânscrito). 181.
Vedhanayaki, G., Shastri, G.V. e Kuruvilla, A. (2003). Atividade analgésica da raiz de *Piper longum* Linn. *Indian J Exp Biol*. 41: 649-651.
Viswanathan, T.V. (1995). Medicinal and Aromatic Plants K.L. Chadha and R Gupta (eds), Malhotra Publishing House, New Delhi. 373-383.
Wakade, A.S., Shah, A.S., Kulkarni, M.P. e Juvekar, A.R. (2008). Efeito protetor de *Piper longum* L. na lesão induzida pelo stress oxidativo e na anomalia celular na cardiotoxicidade induzida pela Adriamicina em ratos. *Indian J Exp Biol*. 46: 528-533.
Winton, A.L. e Wintow, K.B. (1939). The structure and composition of foods. 4, John Wiley and Sons. Nova Iorque, pp.336-348.
Yang, Y.C., Lee, S.G., Lee, H.K., Kim, M.K., Lee, S.H. e LEE, H.S. (2002). Uma amida piperidina extraída do fruto de *Piper longum* L. mostra atividade contra a larva do mosquito *Aedes aegypti*. *J Agric Food Chem*. 19: 3765-3767.
Zhao, J.Q., Du, G.Z., Xiong, Y.C., Wen, Y.F., Bhadauria, M. e Nirala, S.K. (2007). Atenuação da disfunção hepatorenal induzida pelo berílio e do stress oxidativo em roedores pelo efeito combinado do ácido gálico e da piperina. *Arch Pharm. Res*. 30(12):1575-8.
Zutshi, U. (1985). Herbals as bioenhancer of bioavailability of antimicrobials. *Jornal indiano de farmacologia*. 17:120-127.
Zutshi, U. e Kaul, J.L. (1982). The impact of Ayurvedic herbals on drug bioavailability (O impacto das ervas ayurvédicas na biodisponibilidade dos medicamentos). Indian *drugs*. 19:476-479.

MIX
Papier aus verantwortungsvollen Quellen
Paper from responsible sources
FSC® C105338

Printed by Books on Demand GmbH, Norderstedt / Germany